DOWNLOAD
サンプルファイルはWebサイトからダウンロードができます

現場で役立つ

タブレット&
Excel
データ連携・活用ガイド

iPad
Android
Windows
タブレット対応

入力業務を*10*倍効率化する仕組み

SHOEISHA

立山秀利
HIDETOSHI TATEYAMA

本書内容に関するお問い合わせについて

ご質問される前に

弊社 Web サイトの「正誤表」をご参照ください。これまでに判明した正誤や追加情報が掲載されています。

　　正誤表　　　　http://www.shoeisha.co.jp/book/errata/

ご質問方法

弊社 Web サイトの「刊行物 Q&A」をご利用ください。

　　刊行物 Q&A　　http://www.shoeisha.co.jp/book/qa/

インターネットをご利用でない場合は、FAX または郵便にて、下記 "翔泳社 愛読者サービスセンター" までお問い合わせください。電話でのご質問は、お受けしておりません。

回答について

回答は、ご質問いただいた手段によってご返事申し上げます。ご質問の内容によっては、回答に数日ないしはそれ以上の期間を要する場合があります。

ご質問に際してのご注意

本書の対象を越えるもの、記述個所を特定されないもの、また読者固有の環境に起因するご質問等にはお答えできませんので、あらかじめご了承ください。

郵便物送付先および FAX 番号

　　送付先住所　〒160-0006　東京都新宿区舟町5
　　FAX 番 号　03-5362 3818
　　宛　　　先　（株）翔泳社 愛読者サービスセンター

このたびは翔泳社の書籍をお買い上げいただき、誠にありがとうございます。弊社では、読者の皆様からのお問い合わせに適切に対応させていただくため、以下のガイドラインへのご協力をお願い致しております。下記項目をお読みいただき、手順に従ってお問い合わせください。

※本書に記載された URL 等は予告なく変更される場合があります。
※本書の出版にあたっては正確な記述につとめましたが、著者や出版社などのいずれも、本書の内容に対してなんらかの保証をするものではなく、内容や事例に基づくいかなる運用結果に関してもいっさいの責任を負いません。
※本書に掲載されているサイトの画面イメージなどは、特定の設定に基づいた環境にて再現される一例です。
※本書に記載されている会社名、製品名はそれぞれ各社の商標および登録商標です。本書では™、®、© は割愛させていただいております。

はじめに

　製造業や流通、建築、医療・介護などの業務の現場にて、データを紙に手書きで記録し、事務所に戻ってパソコンの Excel に手入力して必要な書類を作成する —— そのような業務を日々行い、多くの手間や時間をかけていたり、ミスに悩まされたりしている方は少なくないでしょう。現場でのデータ入力を IT 化し、パソコンと連携させて効率化したいものの、予算も技術もないため、製品やサービスの導入をあきらめざるを得ないケースは、さまざまな業種・業務で見受けられます。

　本書で解説する内容は、そのような課題の有効な解決策のひとつになります。サンプルを題材に、現場でタブレットにデータを入力し、事務所のパソコンの Excel に取り込んで、書類作成などを行う仕組みを構築するための具体的な方法とノウハウを紹介します。

　そういった仕組みを「難しそう、大変そう」と感じられた方もいるかもしれませんが、本書ではタブレットでデータを入力する画面の作成は、誰でも簡単にできる無料の方法を採用しています。あわせて、Excel に取り込んで活用する方法も丁寧に解説していますので、数式や関数の基礎といった Excel の初歩的な知識さえお持ちなら作成できるでしょう。また、途中からマクロ機能も利用し、Excel VBA によるプログラミングが登場しますが、基本的には本書掲載のプログラムを丸写しで済むようにしてありますので、Excel VBA の知識や経験が全くない方でも安心して構築できます。

　ここで、本書の企画・執筆の大きなきっかけをいただいた介護福祉士の植村好康氏に厚くお礼申し上げます。著者は過日、同氏からご自身が施設長を務める介護施設にて、利用者様の体温など日々のデータを紙に手書きではなくタブレットで入力し、パソコンの Excel に取り込んで書類を作成できないか、ご相談をいただきました。その後、同氏は著者の支援のもと、目的の仕組みを自らの手で作り上げました。本書はその取り組みの中で得られた知見を他の業種・業務でも活用できるよう一般化して解説しており、かつ、同氏が構築した仕組みをシンプル化してサンプルに用いています。

　読者の皆さんが本書でタブレットと Excel の組み合わせによるデータ入力・活用のノウハウを身に付け、ご自分の業務の効率化などに活かせることに、少しでもお役に立てれば幸いです。

2016 年 3 月吉日
立山秀利

目 次

CHAPTER 1
タブレットによるデータ入力の基本を知る……007

1　タブレットと Excel を組み合わせるメリット……008
2　タブレット入力の方法はいろいろ……013
3　サンプル紹介……022

CHAPTER 2
データ入力する① Google フォーム……031

1　Google フォームの完成形紹介と作成の準備……032
2　Google フォームを作成しよう……038
3　フォームをより入力しやすくしよう……060
4　タブレットで Google フォームを開いてデータを入力しよう……068
5　音声入力にチャレンジしよう……079
6　データをパソコンへダウンロードしよう……086

CHAPTER 3
データ入力する② Google スプレッドシート……089

1　Google スプレッドシートの基本的な使い方……090
2　書式を整えて入力しやすくしよう……094
3　リストから入力可能にしよう……099
4　タブレットでデータを入力しよう……105

CHAPTER 4
データ入力する③ Android ／ iOS 版 Excel アプリ……113

1　Android ／ iOS 版 Excel アプリの基本的な使い方……114
2　書式を整えて入力しやすくしよう……119
3　リストから入力可能にしよう……120
4　タブレットでデータを入力しよう……125

CHAPTER 5
データ入力する④ Windows版 Excel フォーム ……………………… 131

1. Windows版 Excel フォームの完成形紹介と作成の準備 ……………… 132
2. データ入力用のワークシートを作成 ……………………………………… 137
3. ［OK］ボタンの処理をプログラミングしよう …………………………… 151
4. タブレットに移植してデータを入力しよう ……………………………… 157
5. プログラムのカスタマイズとポイント …………………………………… 161

CHAPTER 6
タブレットで入力したデータをExcelで活用する ……………………… 167

1. タブレットで入力したデータをExcelにコピーしよう ………………… 168
2. 「氏名」などのデータを別表から抽出しよう …………………………… 176
3. 「記録票」の帳票を作成しよう …………………………………………… 189
4. 業務日誌のひな形を作成しよう …………………………………………… 202

CHAPTER 7
VBAで自動化して業務を効率化する ……………………………………… 219

1. タブレットのデータのコピーを自動化しよう　その1 ………………… 220
2. タブレットのデータのコピーを自動化しよう　その2 ………………… 235
3. 記録票の印刷を自動化しよう ……………………………………………… 244
4. 業務日誌の作成を自動化しよう　その1 ………………………………… 254
5. 業務日誌の内容を自動化しよう　その2 ………………………………… 264

ダウンロード

　本書では、架空の介護施設の業務を例に、タブレットでデータを入力し、パソコンのExcelに取り込んで書類作成などを行う仕組みを構築する方法を解説していきます。実際のサンプル作成はChapter 2以降で行います。

　サンプルファイルは下記のダウンロードサイトのURLからダウンロードするか、
　　　http://www.shoeisha.co.jp/book/download/
下記のURLの［ダウンロード］タブからダウンロードしてお使いください。
　　　http://www.shoeisha.co.jp/book/detail/9784798143477
本書の学習を進める際にお使いください。

　ダウンロードしたサンプルファイルは、大きく分けて次の3種類になります。

・元ファイル
サンプル作成の元となるExcelブック。Chapter 5以降で学習に使用します。

・完成版ファイル
各章での完成版となるExcelブック。Chapter 4以降で設定の確認など参考にお使いください。

・Excel VBAプログラムのファイル
Chapter 5とChapter 7に登場するExcel VBAのコードをテキストファイルに記したものです。Chapter 5とChapter 7で適宜ご利用ください。

　ダウンロードしたサンプルファイルは、Chapterごとのフォルダーにまとめられています。フォルダーの中身の詳細は、「データの内容.txt」をご覧ください。

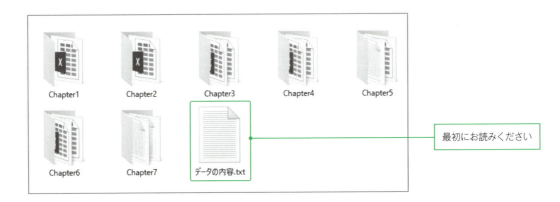

最初にお読みください

タブレットによるデータ入力の基本を知る

1 タブレットとExcelを組み合わせるメリット　　008
2 タブレット入力の方法はいろいろ　　013
3 サンプル紹介　　022

CHAPTER 1

1 タブレットとExcelを組み合わせるメリット

現場で紙にデータを記録し、事務所でパソコンに手入力して書類作成や集計分析を行う
—— そのような業務はタブレットとExcelの組み合わせによって大幅に効率化できます。

現場のデータ入力をタブレットで効率化

　さまざまな業種・規模の企業、および官公庁や医療機関などの組織では業務において、何かしらのデータを記録し、そのデータを用いて必要な書類を作成したり、集計・分析したりするケースは昔から多々あります。その際、次のような光景をよく目にしませんか？

図1-1-1

　具体的には、次のような例が挙げられます。書類を作成した後に印刷したり、あわせて集計・分析を行ったりもします。

点検・保守

| 水道など社会インフラや建物の点検保守業務、自動車整備工場などの現場にて、点検結果や保守作業の内容などを記録 | | 点検表や作業日報、整備記録などを作成 |

建設

| 建設現場で作業内容や検査記録などを記録 | | 進捗管理表や検査記録表などを作成 |

小売り・流通

| 小売業や流通業の売り場や倉庫などの現場で、在庫数などを記録 | | 在庫表などを作成 |

教育・スポーツ

| 学習塾やスポーツクラブなどの現場で、点数やタイムなどを記録 | | 点数やタイムなどを集計・分析して評価。成績表などを作成 |

図 1-1-2

　現場では紙とペンというアナログでデータを記録し、その後いちいちパソコンに手入力してデジタル化し、書類作成・印刷や集計・分析などデータを活用する——。このようなスタイルで毎日業務を行っている企業や組織は少なくないでしょう。その手間は日々積み重なると、膨大になることは言うまでもありません。しかも、紙の紛失・破損やパソコンへの入力ミスなどの恐れも常につきまといます。

　そこで登場する機器がタブレットです。タブレットを使えば、必要なデータを現場にてデジタルで直接入力できます。そして、事務所に戻ったらパソコンに取り込んで、そのまま書類作成・印刷や集計・分析に利用できます。したがって、紙に書いたデータをパソコンへ入力する手間は一切不要となり、業務を飛躍的に効率化できるでしょう。その上、紙の紛失・破損やパソコンへの入力ミスなどの恐れも最小化できます。

　加えてタブレットならデータ入力は、たとえばドロップダウン形式のリストのメニューを設け、選択肢から入力するなど、デジタルならではの利点によってより効率化でき、かつ、ミスの恐れも減らせます。さらには音声入力機能も併用すれば、データ入力を劇的に効率化できます。他にも、気軽に購入できる安価な製品が年々増えているなど、タブレットを利用しない手はありません。

入力したデータを活用する手段

　タブレットを使い現場で入力したデータをパソコンで活用する際、どのような手段を用いればよいのでしょうか？

現在はさまざまなベンダーから各種業種・業務向けに、タブレットを入力端末とする業務システムやパッケージソフト、またはサービスが提供されています。それらのほとんどは高機能・性能であり、ユーザーインターフェースも工夫されて使いやすいのですが、その反面、導入・運用に少なくないコストを要します。予算に余裕がある大規模な企業や組織ならよいのですが、予算が限られた小規模な企業や組織には大きな壁となってしまいます。また、大規模な企業や組織でも、部署内など限られた人だけが使うケースだと予算は下りにくいものです。

しかも、入力したデータに対して複雑な処理や他システムとの連携などが必要ならともかく、比較的シンプルな用途の場合、高機能・性能な製品・サービスは不要です。たとえば、社内規定や業界の制度などで決められた定型の書類を作るため、ひな形にデータをあてはめるだけでよかったり、基本的な集計・分析しか必要としなかったりするなど、「単純にデータ記録と定型の書類作成さえできればよい」といったニーズのユーザーにとっては、高機能・性能な製品・サービスは投資対効果の面からも不適切でしょう。最近でこそ比較的安価（月額1万円前後）なクラウド型のサービスも登場していますが、それでも予算的に厳しい企業や組織は少なくありません。

一方、高価な製品・サービスを導入したくなければ、自社開発という手段もあります。しかし、高度な開発技術・ノウハウを備えた人材の育成や確保が難しい小規模な企業や組織にとっては非現実的です。

入力したデータの活用手段はExcelが最適

そこで本書がオススメする手段がExcelです。Microsoft社の表計算ソフトであるExcelは、多くの企業や組織で利用されているお馴染みのアプリケーションです。業務の現場にてタブレットで入力したデータを事務所のパソコンのExcelに取り込み、書類作成・印刷や集計・分析を行います。Excelでひな形をあらかじめ作成しておき、タブレットで入力したデータをあてはめていくことで、必要な書類を作成します。データの集計・分析も、各種関数やグラフ、ピボットテーブル／グラフといったExcelの強力な機能で手軽にできます。

複雑な処理は必要なく、定型の書類作成などシンプルな用途ならExcelで十分なのです。Excelならすでにインストールされているパソコンが多く、新規購入するにしても安価で済みます。使い慣れたユーザーが多いのもメリットです。

このように予算も技術力も不足がちな小規模な企業や組織にとって、シンプルな用途なら、タブレットで入力したデータの活用手段はExcelが最適なのです。さらには後ほど改めて解説しますが、Excelの操作を自動化できる「マクロ」（VBA）機能も使えば、もう一段階上の業務効率・精度アップまでも実現できます。

図 1-1-3 現場にてタブレットでデータを入力し、事務所の Excel で活用

図 1-1-4 タブレットの入力画面の例

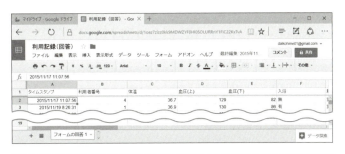

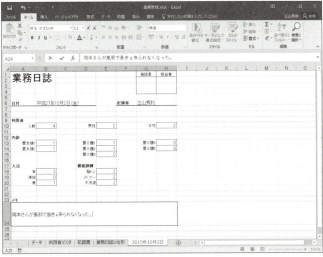

図 1-1-5 Excel で書類作成・印刷や集計・分析

COLUMN

スマートフォンやノートパソコンじゃダメなの？

　現場でのデータ入力作業にはタブレットと並び、もちろんスマートフォンも有効です。近年増えている画面サイズの大きな製品はもちろん、4インチ程度の画面の製品でも、入力形態によっては十分使えます。また、機種変更した後に残された古いスマートフォンも利用可能であり、その場合は資産の有効活用にもつながります。

　一方、ノートパソコンは機能的にはよいのですが、使用する際はどうしても机や膝などの上に置いて、ディスプレイを開く必要があります。タブレットならその点、立ったまま片手で持って入力できるため、現場でのデータ入力作業にははるかに適していると言えます。

2 タブレット入力の方法はいろいろ

タブレットからデータを入力する方法は何通りかあります。本節では、本書オススメの4つの方法について、概要とメリット／デメリットを紹介します。

本書がオススメする4つの入力方法

「タブレットでデータを入力する」と一口に言っても、具体的にはどのような方法で入力すればよいのでしょうか？　さまざまな方法がありますが、本書では以下の4通りの入力方法をオススメします。

入力方法 A	入力方法 B	入力方法 C	入力方法 D
Google フォーム	Google スプレッドシート	Android／iOS 版 Excel アプリ	Windows 版 Excel のフォーム

図 1-2-1

いずれの方法でも、入力したデータは最終的に表の形式で蓄積されます。また、どの方法も無料です（入力方法 D では、Windows 版 Excel はそもそもデータ活用に用いるため、購入済みであることを前提とします）。

各方法の概要は次の通りです。具体的な作成・使用方法は入力方法 A を Chapter 2、入力方法 B を Chapter 3、入力方法 C を Chapter 4、入力方法 D を Chapter 5 で詳しく解説します。

入力方法 A　Google フォーム

Google フォームは Web フォームを簡単に作成できる Google のサービスです。Web フォームとは、Web ブラウザーからデータを入力・送信するための仕組みです。テキストボックスやボタン、ドロップダウン形式のリストやチェックボックスなどによって、効率よくデータを入力・送信できます。会員登録やアンケート回答などで、利用した経験がある方もいるでしょう。

Google フォームを利用すると、次の画面のような Web フォームが手軽に作成できます。この入力方法では、タブレット上で Web ブラウザーを立ち上げ、作成した Google フォームの画面を開きデータを入力します。データ入力後に［送信］ボタンをタップしてデータを送信します。

図 1-2-2 Google フォームの例

　Google フォームで送信したデータは画面のような表の形式で保存されます。Web ブラウザー上で操作できる表の形式で保存されます。入力方法 B で改めて紹介しますが、この表は Google スプレッドシートになります。

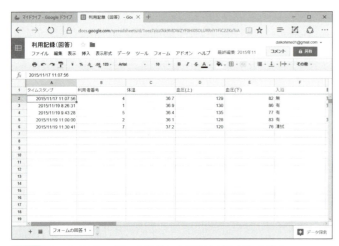

図 1-2-3 Google スプレッドシートをパソコンの Web ブラウザーで開く

データの保存先は Google のクラウドストレージである Google ドライブになります。クラウドストレージとは、インターネット上にデータを保存する場所を提供するサービスです。実際には Google のデータセンター内の保存場所（ハードディスク等）をインターネット経由で利用するかたちになります。Google に限らず、データセンターはセキュリティも堅牢性も高いので、安心してデータを預けられます。

　Google フォームで保存したデータは表の形式のファイルとして、インターネット経由で自分のパソコンへダウンロードすることになります。拡張子「.xlsx」の Excel 形式ファイル（Excel ブック）としてもダウンロード可能なので、そのまま Excel で使えます。

> **その他のクラウドストレージ：**
> Dropbox もクラウドストレージサービスのひとつです。入力方法 C で紹介する OneDrive も同様です。なお、クラウドストレージはオンラインストレージと呼ばれる場合もあります。

入力方法 B　Google スプレッドシート

　Google スプレッドシートとは、Web ブラウザー上で使える表計算ソフトのサービスです。タブレットでは、同サービスと連動した表計算アプリとして利用できます。Excel ほど高機能ではありませんが、シンプルな用途なら十分なデータ入力・管理の機能を備えています。

　この入力方法では、タブレット上で Google スプレッドシートのアプリを立ち上げ、目的のファイルを開き、表の形式にて各セルにデータを入力していきます。つまり、表へ直接入力することになります。入力の際、リストなども利用できます。

　入力したデータはそのまま表の形式で保存されます。保存先は Google ドライブになります。保存したデータは表形式のファイルとして、インターネット経由で自分のパソコンへダウンロードすることになります。Excel ブックとしてもダウンロード可能なので、そのまま Excel で使えます。

図 1-2-4　Google スプレッドシート

　また、Google スプレッドシートは Web ブラウザー上で利用することも可能です。タブレット上で Web ブラウザーを立ち上げ、Google スプレッドシートの Web ページを開き、表の形式でデータを入力できます。

　なお、先ほどの入力方法 A　Google フォームでは、送信したデータは表の形式で保存されると紹介しましたが、実はその表とは Google スプレッドシートのことです。Google フォームは Google スプレッドシートに Web フォーム形式で入力するための仕組みのひとつなのです。

> **Google ドライブ：**
> Google フォームも Google スプレッドシートも実は、ともに「Google ドライブ」の機能のひとつになります。Google ドライブとは、インターネット経由で Google のオンラインストレージにさまざまなデータを保存し、閲覧や編集などが行える無料サービスです。

入力方法 C　Android／iOS 版 Excel アプリ

　Android／iOS 版 Excel アプリとは、Microsoft が無料で提供している Android／iOS 版の Excel です。すでにご自分のスマートフォンやタブレットにインストールし、使った経験がある方も少なくないかと思います。

　この入力方法では、タブレット上で Excel アプリを立ち上げて Excel ブックを開き、表の形式にて各セルにデータを入力していきます。表へそのまま入力することになります。入力の際、リストなども利用できます。

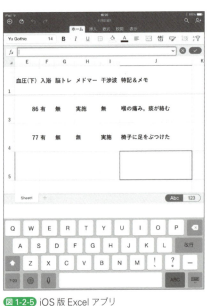

図 1-2-5　iOS 版 Excel アプリ

図 1-2-6　Android 版 Excel アプリ後送

　入力したデータはそのまま Excel ブックとして保存されます。保存先は OneDrive です。OneDrive とは、Microsoft が提供する無料のクラウドストレージサービスです。インターネット経由で Microsoft のデータセンターにデータを保存し、閲覧や編集などが行えます。

　OneDrive なら保存した Excel ブックはインターネット経由にて、自分のパソコン上の Excel と同期できます。そのため、わざわざダウンロードしなくても、自分のパソコン上のフォルダー内などにある通常の Excel ブックとして扱えます（Excel ブックの保存先が OneDrive になります）。

なお、Androidはバージョン4.4以上のみ対応になるので注意してください。古いAndroidタブレットをお使いの場合は対応バージョンか確認しましょう。

入力方法D　Windows版Excelのフォーム

タブレットでWindows版のExcelを使って入力する方法です。普段パソコンで使っているフル機能のExcelになります。当然、OSがWindowsのタブレットしか利用できない方法になります。Windowsのノートパソコンを現場に持ち込んでExcelで入力するのが、機器がWindowsタブレットに置き換わっただけというイメージです。

この入力方法では、WindowsタブレットトでWindows版Excelを立ち上げ、Excelブックを開いてデータを入力していきます。入力方法BやCのように表形式にて各セルに入力していくこともちろん可能ですが、せっかくフル機能のExcelを使うので、本書ではフォームによる入力を取り上げます。セルへの直接入力やリストに加え、ボタンやチェックボックス、オプションボタンなどフォームの各種機能も併用して入力する方法です。

入力したデータはそのままExcelブックとして保存されます。本書では、Chapter 5で改めて解説しますが、フォームとは別のワークシートに保存するとします（ブックは同じとします）。保存先は基本的に、タブレット内の保存領域やSDカードなどの外部記憶媒体といったローカルになります。

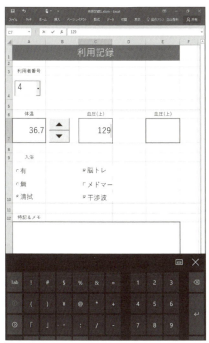
図1-2-7 Windows版Excelのフォームの画面

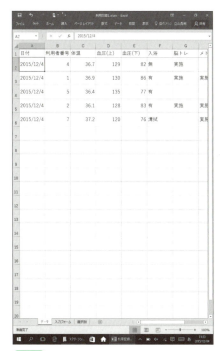
図1-2-8 保存データ

OneDriveにも保存できる：
Windows版のExcelはローカル以外に、OneDriveに保存することも可能です。

ユーザーフォーム：
Windows 版 Excel では、「ユーザーフォーム」という機能も用意されています。ワークシート上ではなく、独立した別ウィンドウ上に配置したテキストボックスやボタン、チェックボックスなどでデータを入力できるフォームの機能です。フォーム作成が入力方法 D よりも難しいこともあり、本書では解説を割愛させていただきます。

以上が入力方法 A～D の概要です。各方法のデータ保存場所の大きな違いは、入力方法 A～C がクラウドストレージであるのに対し、入力方法 D はタブレット内（ローカル）であることです。入力方法 D はそのため、インターネットは一切経由しないかたちで利用できます。

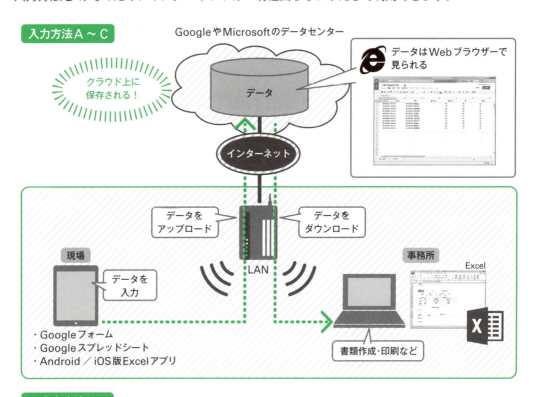

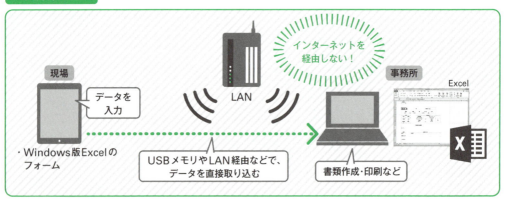

図 1-2-9 入力方法 A～C のデータ保存場所はクラウドストレージ。入力方法 D のみローカルに保存

各方法のメリットとデメリット

　入力方法 A~D を挙げましたが、どの方法を採用すべきでしょうか？　入力方法 A~D にはそれぞれメリットとデメリットがあります。比較しながら、最適な方法を選ぶとよいでしょう。メリットとデメリットは主に次の 3 つのポイントで比較できます。

図 1-2-10

比較ポイント 1　データの入力効率

　入力方法 A と D はフォームであり、データ入力はテキストボックスとリスト以外にも、チェックボックスやラジオボタンをはじめ多彩な方式を利用できます。入力方法 B と D は表のセルにデータを直接入力する方式であり、他にはリストぐらいしか利用できません。

　しかも、データの項目数が増えた場合、入力方法 B と D だと列方向に長くなってしまい、いちいち列方向にスクロールする手間が発生します。入力方法 A と D はその点、テキストボックスやラジオボタンなどのレイアウトの自由度が高く、列方向のスクロールは不要もしくは最小限で済みます。そのため、入力方法 A と D の方がよりデータの入力効率が高いと言えます。

比較ポイント 2　準備・活用の手間と難易度

　準備の手間と難易度は、データの入力効率と表裏一体となります。入力方法 A と D はフォームを作成する必要があるため、相応の手間と時間を要します。入力方法 A は Google フォームの作り込みを行います。難易度はそれほど高くないとはいえ、それなりの手間と時間が求められます。入力方法 D は Excel のフォームの制御に、「VBA」（Visual Basic for Applications）という言語によるプログラミングが一部必要となり、難易度が大幅に上がります。

　一方、入力方法 B と D では作り込みはほぼ必要なく、リストを設定する程度なので、準備にはあまり手間も時間も要しません。難易度も全く高くありません。

　準備は別の観点でいうと、Google のサービスを利用した入力方法 A は Web ブラウザーさえあればすぐに使えます。入力方法 A は Google スプレッドシートのアプリ、入力方法 C は

Android／iOS版Excelアプリ、入力方法DはWindows版Excelを入手・インストールしなければなりません。わずかな手間と時間かもしれませんが、そういった違いがあります。

　データ活用の手間と難易度においては、複数ユーザーがそれぞれタブレットを使って同時に入力するケースでも差が生じます。詳しくはChapter 2～5で解説しますが、書類作成などを行うためのExcelブックに複数タブレットのデータを集約する際、入力方法A以外はちょっとした手間と工夫が必要となります。入力方法AはGoogleフォームの機能によって、自動で集約してくれます。

比較ポイント3　利用条件

　入力方法A～Dは条件によっては利用できない場合があるので注意が必要です。入力方法Aはタブレットにインターネット接続が必須です。そのため、業務の現場に無線LANがなかったり、3G／4G回線が届かなかったりする環境では利用できません。

　入力方法B～Cはオフラインでも入力できますが、クラウドストレージへの反映にはインターネット接続が必要となります。業務の現場ではインターネット接続は必須ではありませんが、事務所では必須です。

　入力方法Dのみ、インターネット接続なしでも使えます。現場で入力するデータはOneDriveなどクラウドストレージではなく、タブレット内に保存します。そして、事務所でパソコンへデータを取り込むには、USBメモリなどを使えば対応できます。

　インターネット接続に加えて、利用可能なタブレットの種類という条件もあります。繰り返しになりますが、入力方法DはWindowsタブレットでしか利用できません。他の方法なら、どのOSのタブレットでも利用できます。

　準備に要するコストという意味での利用条件に関しては、入力方法Dだけはタブレットの台数が多いと、そのぶんだけWindows版Excelのライセンスの追加コストが発生し、予算面でのハードルが高くなります。また、入力方法A～Cはサービスやアプリの提供が終了する恐れもあります。

セキュリティは大丈夫？

　入力方法A～Cはクラウドストレージを利用する関係で、業務の重要なデータをインターネット経由でやり取りすることになります。その際にセキュリティが気になるところです。

　まずタブレットについては、機器自体をパスコードや指紋認証などによって守ることができます。その上、GoogleやMicrosoftのアカウントおよびパスワード認証も加わります。データ活用のためのパソコンも、同様にパスコードなどで守れます。

　通信経路であるインターネットについては、暗号化によって盗聴や改ざんなどを防げます。ショッピングサイトでクレジットカード番号をはじめとする個人情報をやり取りする場合と同等のセキュリティで通信できます。データ保存先となるクラウドストレージは先ほども触れましたが、その正体はセキュアで堅牢なデータセンターのため問題ありません。

一方、入力方法 D はそもそもインターネットを経由せずに済みます。そのため、タブレットおよびパソコンをパスコード等で守ることだけでセキュリティを確保できます。もちろん、データのやり取りに使った USB メモリ等も適切に管理する必要があります。
　したがって、いずれの入力方法もセキュリティには問題ありません。ただし、セキュリティではなく、組織としてデータ取り扱いの方針（ポリシー）は別問題です。たとえば、「重要なデータは物理的に必ず社内に保存する。クラウド上に保存しない」という方針が定められているとします。その場合、入力方法 A〜C はいくらセキュリティに問題ないとしても、クラウドストレージに保存するため、組織の方針に反します。すると、必然的に選択肢は入力方法 D だけに絞られます。このように入力方法を選ぶ際は方針も考慮しましょう。

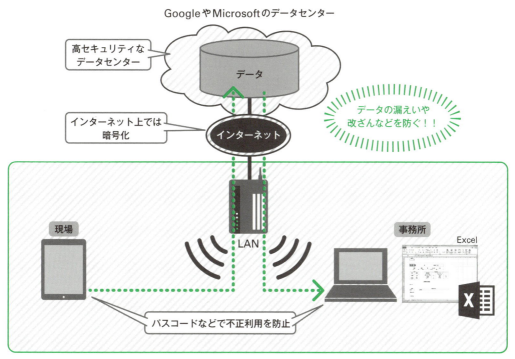

図 1-2-11　入力方法 A〜C のセキュリティ

通信は SSL で暗号化：
Google のサービスでも Microsoft のサービスでも、通信は主に SSL（Secure Sockets Layer）という技術で暗号化されます。

CHAPTER 1

3 サンプル紹介

本書の学習に用いるサンプルを紹介します。データの種類や書類の構成など具体的な内容とあわせ、汎用性につながる基本的要素も解説します。

タブレットによるデータ入力の基本を知る

本書サンプルの汎用性について

　本書では、前節までに解説したタブレットとExcelの組み合わせの具体的な方法を、サンプル作成を通じて学んでいきます。そのサンプルのシチュエーションは、介護／リハビリの架空の業務を想定しています。

　本節にてこの後サンプルを紹介していくのですが、読者の皆さんのお仕事はもちろん介護／リハビリ関係だけでなく、さまざまな業種・業務におよぶことでしょう。それなのにここで介護／リハビリ関係のサンプルを引き合いに出されても、自分のお仕事とは業種業務が異なるため、ピンと来ない方がほとんどではないでしょうか。

　本書サンプルはシチュエーションこそ介護／リハビリですが、その本質的要素は幅広い業種・業務に共通しており、適用可能となっています。本質的要素とは具体的には、大きく分けて「データ入力の方式」と「データ活用パターン」の2つです。

データ入力の方式

　データ入力の方式のポイントは、データの種類と入力手段の2つです。どのようなデータをどのように入力するか、になります。データの種類は主に以下の4種類です。これらのデータ入力に対応できれば、幅広い業種・業務で適用可能となるでしょう。

| 文字列 | 数値（整数、小数を含む） | 日付／時刻 | "あり"と"なし"の2択 |

図 1-3-1

データの入力手段は主に以下が挙げられます。

・テキストボックスに直接入力（タッチキーボードまたは音声）
・リストから選択　　・ラジオボタンから選択　　・チェックボックスのオン／オフ

図 1-3-2

入力手段は他にも、スピンボタンやスライドバーで数値を上下したり、カレンダー形式のツールから日付を選んだりするなどがありますが、一般的には上記の手段に対応できれば、幅広い業種・業務をカバーできるでしょう。

データ活用パターン

タブレットから入力したデータを Excel で活用するパターンは、本書で対象としている比較的シンプルな業務の場合、主に右図が挙げられます。

・データ抽出・転記
・データ集計・分析
・印刷

図 1-3-3

データ抽出・転記は書類作成で用います。本書サンプルでは、帳票などの書類のひな形をあらかじめ用意しておき、必要なデータを抽出・転記することで、目的の書類を作成します。抽出・転記の方法はセル参照や関数、マクロなど Excel の各種機能を利用します。データ集計・分析も関数をはじめ Excel の機能を活かします。また、業務によっては作成した書類や集計・分析結果を印刷するケースも多々あります。印刷も Excel の機能で行います。

加えて、前節で解説した入力方法 A～D では、タブレットで入力・保存したデータを、データ活用の Excel ブックへ取り込むために転記（コピー）する必要が生じます。データ活用の前に、入力データの転記という作業が入ることになります。データ転記の詳細は Chapter 6 で解説します。

本書サンプルは以上の要素を網羅しており、汎用性が高いものとなっています。そのため、読者の皆さんのお仕事にあわせて、データの種類や数、書類の構成やデザインや文言などを変更すれば、業務に活かせるようになっています。

> **入力手段についての補足：**
> ラジオボタンは「オプションボタン」と呼ばれる場合もあります。スピンボタンとは、上矢印ボタンと下矢印ボタンがセットになったボタンのことです。

本書で作成するサンプル

それでは本書で作成するサンプルを解説します。介護／リハビリ関係のサンプルになりますが、データの細かい意味や専門用語の意味などに注目するのではなく、先ほど解説した本質的要素を意識しながらお読みください。また、解説量が多く、一読しておぼえることは不可能なため、次章以降に進んだ後も必要に応じて振り返るとよいでしょう。

想定シチュエーションと全体像

介護／リハビリ関係のサービス事業者における施設での業務を想定しています。業務の大まかな流れは、サービス提供の現場にて、体温や血圧など、その日に利用者（顧客）の状態や利

図 1-3-4

用したサービス内容のデータを記録するとします。従来は紙とペンで記録していたデータを、タブレットに入力して記録するよう業務を改善します。

その日のサービスがすべて終了した後、事務所にてパソコンのExcelを使い、タブレットで入力したデータを転記してExcelブックに取り込み、書類作成・印刷を行います。本サンプルでは図1-3-4の2種類の書類を作成・印刷するとします。詳細はこの後に別途解説します。

これらデータ入力から書類作成・印刷までの一連の作業は、毎日1回必ず実施するとします。

そして、本書サンプルの業務では、もともと利用者一人一人を通し番号で管理していると仮定します。その通し番号のことを「利用者番号」と呼ぶとします。今回は利用者1人につき、氏名と性別と介護度のデータもあわせ、下表のように7名ぶんを管理しているとします。

利用者番号	氏名	性別	介護度
1	桜井 仁	男性	要介護2
2	山中 裕紀子	女性	要介護1
3	岡本 浩治	男性	要支援1
4	恵良 孝信	男性	要介護3
5	清水 知子	女性	要介護4
6	神尾 恵理称	女性	要支援2
7	渡辺 亜紀	女性	要介護1

表 1-3-1

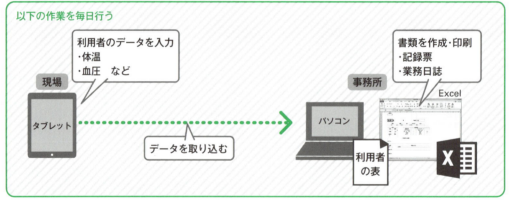

図 1-3-5 業務日誌の構成と作成の流れ

タブレットで入力するデータ

現場にてタブレットで入力するデータは表1-3-2の10種類とします。項目名とともにデータの種類も併記しておきます。各データの意味よりも、先ほど解説した主なデータの種類を網羅している点に注目してください。データの入力手段は入力方法A〜Dによって異なるので、Chapter 2〜5で改めて提示します。

図 1-3-6 入力方法 A（Google フォーム）Android での画面

項目名	データの種類	入力内容
日付	日付／時刻	データを記録した日時を入力。形式は「西暦年／月／日」とします。後にExcelでデータを使うことを考慮し、Excelの日付の形式（シリアル値）で入力します。
利用者番号	数値（整数）	利用者に割り当てた通し番号。
体温	数値（小数）	利用者の体温。「36.8」など小数点第一位まで記録するとします。
血圧（上）	数値（整数）	血圧の上の値。
血圧（下）	数値（整数）	血圧の下の値。
入浴	文字列	入浴の状況として、「有」「無」「清拭」のいずれかを入力するとします。
脳トレ	あり／なしの2択	利用した個別サービスのひとつ。実施したなら文字列「実施」を入力、実施しなかったら入力しない（ブランク）とします。「あり」または「なし」と入力してもよいのですが、今回は原則、「実施」またはブランクのかたちで入力するとします。
メドマー	あり／なしの2択	利用した個別サービスのひとつ。実施したなら文字列「実施」を入力、実施しなかったらブランクとします。
干渉波	あり／なしの2択	利用した個別サービスのひとつ。実施したなら文字列「実施」を入力、実施しなかったらブランクとします。
特記&メモ	文字列	気づいた点などを利用者ごとに短文で記録します。

表 1-3-2

　なお、「脳トレ」と「メドマー」と「干渉波」は各項目名の意味はわからなくても、あり／なしの2択のデータが複数ある点のみ認識できていれば、本書での学習は問題なく進められます。ちなみに、いずれもリハビリ関係の実施項目の一種になります。

Excel ブックの構成と作業内容

　データ活用の Excel ブックは「業務管理 .xlsx」とします。タブレットで入力したデータを集約・活用するための Excel ブックになります。ワークシートは下記4枚とします。

・データ　・利用者マスタ　・記録票　・業務日誌ひな形

図 1-3-7

この後各ワークシートの解説をしますが、注目してほしいのは細かい部分ではありません。ポイントは、ワークシート「データ」のデータを用いて、ワークシート「記録票」およびワークシート「業務日誌ひな形」をそれぞれで書類を作成している点です。ワークシート「データ」はタブレットで入力したデータを転記し、表として集約・蓄積します。ワークシート「利用者マスタ」は利用者の情報になります。ワークシート「記録票」は抽出・転記して書類を作成し印刷するデータ活用の例になります。ワークシート「業務日誌ひな形」はデータ集計・分析も含めた書類作成というデータ活用の例になります。

それでは、各ワークシートの解説をしていきます。なお、本書ダウンロードファイルに含まれる「業務管理 .xlsx」は Chapter 6 の学習に用いるブックであり、データや必要な数式は未入力の状態になっています。下記画面の通りすべて入力された状態のブックは「Chapter6」フォルダーの「業務管理完成版 .xlsx」になります。実物のブックを確認したければ、「業務管理完成版 .xlsx」を開いてください。

ワークシート「データ」

日付	利用者番号	氏名	性別	介護度	体温	血圧(上)	血圧(下)	入浴	脳トレ	メドマー	干渉波	特記＆メモ
2015/10/1	4	恵良 孝信	男性	要介護3	36.7	129	82	無	実施			食欲なし
2015/10/1	1	桜井 仁	男性	要介護2	36.9	130	86	有	実施	実施		喉の痛み 痰が絡む
2015/10/1	5	清水 知子	女性	要介護4	36.4	135	77	有			実施	椅子に足をぶつけた
2015/10/1	2	山中 裕紀子	女性	要介護1	36.1	128	83	有	実施	実施		レクリエーションを元気に
2015/10/1	7	渡辺 亜紀	女性	要介護1	37.2	120	76	清拭		実施	実施	昼食後に軽い胸焼け。1
2015/10/2	6	神尾 恵理称	女性	要支援2	36.8	141	88	有	実施			腹痛。多量の軟便
2015/10/2	3	岡本 浩治	男性	要支援1	35.8	128	85	有			実施	食欲旺盛。機嫌もよい
2015/10/2	1	桜井 仁	男性	要介護2	37.1	130	84	無		実施		風邪気味のため入浴は
2015/10/2	2	山中 裕紀子	女性	要介護1	36.5	125	81	有	実施	実施	実施	特変なし
2015/10/3	5	清水 知子	女性	要介護4	36.6	134	79	有				ご家族来訪
2015/10/3	4	恵良 孝信	男性	要介護3	35.7	132	79	清拭	実施	実施	実施	昨夜はよく眠れなかった
2015/10/3	2	山中 裕紀子	女性	要介護1	36.9	132	77	無		実施	実施	ご家族来訪
2015/10/3	6	神尾 恵理称	女性	要支援2	36.4	139	80	有	実施			朝に片頭痛
2015/10/3	7	渡辺 亜紀	女性	要介護1	36.1	122	81	有	実施	実施		食欲なし
2015/10/4	1	桜井 仁	男性	要介護2	35.6	131	81	有	実施			入浴時は髪の一部を自
2015/10/4	3	岡本 浩治	男性	要支援1	36	130	76	清拭	実施		実施	2日間排便なし
2015/10/4	5	清水 知子	女性	要介護4	37.2	136	83	清拭		実施		ヒザに軽い痛み
2015/10/5	2	山中 裕紀子	女性	要介護1	35.5	135	76	有	実施	実施		レクリエーションは休み
2015/10/5	4	恵良 孝信	男性	要介護3	36.4	129	82	有		実施	実施	背中に痛み
2015/10/5	6	神尾 恵理称	女性	要支援2	36.9	143	86	有	実施	実施	実施	レクリエーションを元気に
2015/10/5	7	渡辺 亜紀	女性	要介護1	36.5	120	80	無			実施	特変なし
2015/10/5	3	岡本 浩治	男性	要支援1	36.1	134	79	有	実施	実施		肘に直径2cmほどの赤み

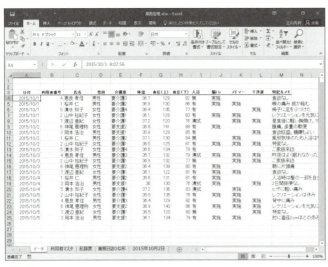

図 1-3-8

業務で用いるデータを表形式で一元管理するワークシートです。データ項目は次の 13 種類とします。

A列	日付	F列	体温	K列	メドマー
B列	利用者番号	G列	血圧（上）	L列	干渉波
C列	氏名	H列	血圧（下）	M列	特記&メモ
D列	性別	I列	入浴		
E列	介護度	J列	脳トレ		

表 1-3-3

　データはB4～M4セル以降に、1行1件の形で蓄積するとします。画面は22件のデータ（B4～M25セル）を入力・コピーした状態のものとなります。
　A～M列13項目のデータのうち、C～E列の「氏名」と「性別」と「介護度」以外の10項目は、タブレットで入力したデータになります。タブレットで入力したデータの保存先のExcelブック（保存先については次章以降で改めて解説します）から、そのままコピーすることで転記するとします。
　「氏名」と「性別」と「介護度」のデータはタブレットで入力しません。もちろん、タブレットで入力するようにしても誤りではありませんが、これらのデータは利用者個人に紐付いた固定のデータであり、「利用者番号」さえ決まればP024の表1-3-1から判明するものばかりです。そこで本サンプルでは、2枚目のワークシート「利用者マスタ」に表1-3-1のデータをあらかじめ用意しておき、ワークシート「データ」のC～E列はB列の利用者番号から、ワークシート「利用者マスタ」の「B～D列」を抽出するとします。抽出はVLOOKUP関数を軸とする方法を採用します。具体的な方法はChapter 6で改めて解説します。
　このように業務の現場では、タブレットですべてのデータを入力するのではなく、必要最小限のデータのみ入力するようにすることで、現場での入力作業の負担を減らせ、業務をより効率化できます。
　図1-3-8の具体的な入力データは、本書ダウンロードファイルの「入力データ.xlsx」として別途用意しました。Chapter 2～5でデータ入力を行う際はそちらも参照してください。

ワークシート「利用者マスタ」

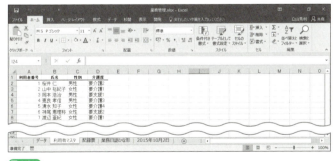

図 1-3-9

　利用者の情報の一覧。A列を「利用者番号」、B列を「氏名」、C列を「性別」、D列を「介護度」として、表1-3-1の7名ぶんのデータをあらかじめ2行目以降に入力しておくとします。

ワークシート「記録票」

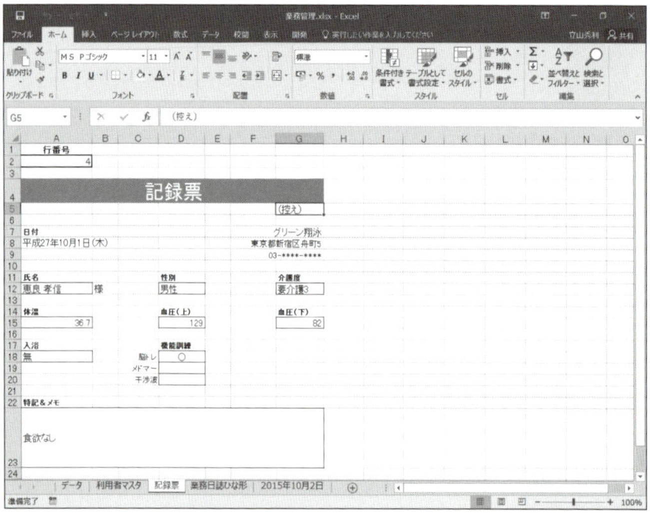

図 1-3-10

利用者1人ごとに、その日の状態や利用したサービスなどを記録した帳票です。ワークシート「データ」の1件（1行）ぶんのデータを帳票の体裁にしたものになります。利用者ごとに毎日作成して、2部印刷するとします。そのうち1部は利用者に渡し、1部は控えとして事業者側で保管するとします。控えはG6セルに「(控え)」と入れるとします。印刷範囲はA4～G24セルとします。

ワークシート「データ」のデータをワークシート「記録票」の各セルに転記して作成するとします。その際、ワークシート「データ」における目的の日付・利用者の行番号をA2セルに入力すると、該当するデータが転記されるようにします。転記はINDEX関数などを利用して行います（詳細はChapter 6で改めて解説します）。

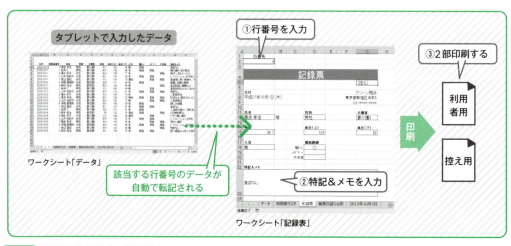

図 1-3-11 記録票の構成と作成・印刷の流れ

ワークシート「業務日誌ひな形」

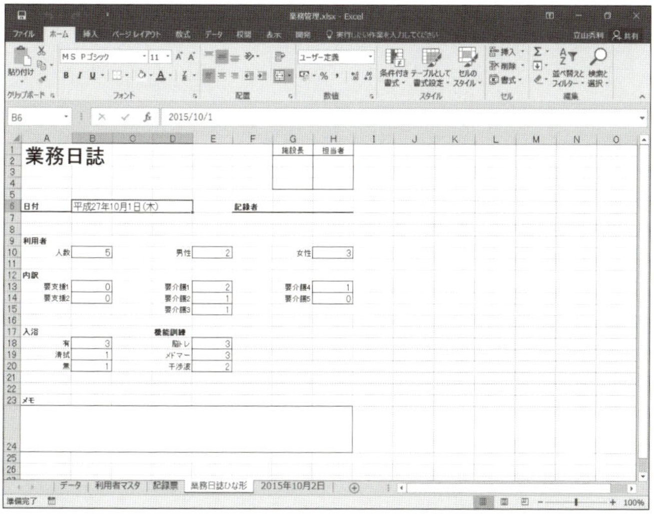

図 1-3-12

　本書サンプルでは、その日の記録となる業務日誌を毎日作成するとします。業務日誌の中では、利用者や提供サービスの数といったデータ集計も行うとします。詳細や具体的な作成方法はすべて Chapter 6 で改めて解説します。

　業務日誌は1日ごとに1枚のワークシートという形で作成するとします。

　作成方法は、ワークシート「業務日誌ひな形」をひな形として用意しておき、日ごとに同ワークシートコピーします。あわせて、ワークシート名をその日の日付に設定するとします。日付の形式は西暦年と月と日の数値に「年」と「月」と「日」を付けるとします。たとえば2015年10月2日なら「2015年10月2日」となります。

　次にB6セルへその日の日付を入力します。Excelの日付の形式「西暦年／月／日」で入力します。B6セルはあらかじめ図1-3-11の画面のように、表示形式を和暦＋カッコ付き曜日の形式に設定しておきます。そのため、たとえば「2015/10/2」と入力したなら「平成27年10月2日(金)」と表示されることになります。

　そして、B6セルに日付を入力すると、10～21行目の各集計欄のセルにて、ワークシート「データ」上の該当する日付のデータを元に、各種集計を行うようにします。各集計欄のセルには、あらかじめ集計用の関数を入力しておくとします。各集計欄は次の通りです。

B10、E10、H10セル	その日の利用者の総数、男性の人数、女性の人数を集計します。
B13～B14、E13～E15、H13～H15セル	その日の利用者の要支援1～2、要介護1～5の人数を集計します。
B18～20セル	入浴の「有」、「無」、「清拭」の人数を集計します。
E18～E21セル	「脳トレ」と「メドマー」と「干渉波」とについて、それぞれ実施した人数を集計します。

表 1-3-4

日付に続けて、G6 セルに記録者の名前を入力します。最後に、申し送りなどのメモを A24 セルに入力します。A24 から H24 セルまで連結してあります。完成後は印刷し、右上の承認欄に押印するなどの流れをイメージしています。

最初は手作業、のちにマクロで自動化

これらの業務は、まずはすべて手作業で行うとします（Chapter 6）。次に以下のみ、マクロで自動化するとします（Chapter 7）。自動化すべき作業はいくつか考えられますが、本書では下記のみとします。

- ワークシート「データ」へのタブレットのデータのコピー
- 記録票の印刷（利用者用と控えの 2 部印刷）
- 業務日誌作成におけるワークシートの処理（コピーと名前設定）

図 1-3-13

COLUMN

本書サンプルのデータについて

　本書サンプルで扱うデータは、解説をわかりやすくするなどの目的で作例を極力シンプルにするため、項目を絞り込んでいます。現実の介護／リハビリ関係の業務では、利用者の出欠状況や食事の量、リハビリの分類（個別か短期か等）をはじめ、他にもさまざまなデータを記録する必要がありますが、本書サンプルでは大幅に割愛しています。

　さらには、記録票の「メモ&特記」に入力しているデータは本来、文章量はもっと多く入力すべきものです。たとえば、「朝より右下腿部痛みのため機械浴にて入浴。他は通常と変わりなし」などです。しかし、本書サンプルでは一言二言程度に簡略化しています。業務日誌の「メモ」も同様です。

　また、作業や機能の面でも簡略化しています。たとえば利用者の出欠のデータを記録し、欠席ならその理由を「メモ&特記」に入力したら、業務日誌の「メモ」にもその内容を転記するなどの応用も考えられます。今回は解説をわかりやすくするなどの目的で、それらも割愛しています。

データ入力する① Google フォーム

1. Google フォームの完成形紹介と作成の準備　　032
2. Google フォームを作成しよう　　038
3. フォームをより入力しやすくしよう　　060
4. タブレットで Google フォームを開いてデータを入力しよう　　068
5. 音声入力にチャレンジしよう　　079
6. データをパソコンへダウンロードしよう　　086

CHAPTER 2

1 Googleフォームの完成形紹介と作成の準備

本節では、Googleフォームを使ってデータ入力用フォームを作成する準備として、目標とする完成形を紹介します。あわせて、Googleのアカウントの取得も行います。

本章で作成するGoogleフォーム

　本章ではこれから、データをタブレットで入力するための機能を、入力方法AのGoogleフォームで作成していきます。本節では最初に完成形を提示します。そして、入力するデータを挙げるとともに、どのデータをどの入力手段を用いるか決めます。

　本章で作成したいGoogleフォームの完成形の画面は下記とします。AndroidタブレットのWebブラウザーChromeで開いた画面になります。iOSやWindowsといった他のOS、SafariやInternet ExplorerやEdgeなど他のWebブラウザーでも、細かい見た目は少々異なる箇所もありますが、ほぼ同じ画面となります。

図 2-1-1

　この画面のGoogleフォームで入力したいデータの項目と入力手段は下記とします。データの種類も改めて併記しておきます。

項目	入力手段	データの種類
利用者番号	リストから選択	数値（整数）
体温	テキストボックスに直接入力	数値（小数）
血圧（上）	テキストボックスに直接入力	数値（整数）
血圧（下）	テキストボックスに直接入力	数値（整数）
入浴	ラジオボタンから選択	文字列
脳トレ	チェックボックスのオン／オフ	あり／なしの2択
メドマー	チェックボックスのオン／オフ	あり／なしの2択
干渉波	チェックボックスのオン／オフ	あり／なしの2択
特記＆メモ	テキストボックスに直接入力	文字列

　計9項目のデータとなります。Chapter 1 の3で挙げた10項目の入力データのうち、「日付」がありません。その理由は、Googleフォームは入力したデータを送信した時点での日付／時刻が自動で付加されるため、わざわざユーザーが日付を入力する必要がないからです。

　もちろん、日付のデータを別途入力するようにしても決して間違いではありません。しかし、本書サンプルの場合はデータを記録した日付を記録したいため、自動で付加されるデータと同じ日付を重複して入力する結果となってしまいます。したがって、日付のデータは入力しないと決めています。

　また、入力したデータは Chapter 1 の2で紹介した通り、表の形式（Googleスプレッドシート）で保存されるのですが、自動で付加される日付／時刻はA列（1列目）に格納されます。

　次に、これら9項目のデータの入力手段について解説します。「利用者番号」は連番の整数でした。テキストボックスに直接入力してもよいのですが、利用者は Chapter 1 の3の表 1-3-1（P024）と決まっているため、ドロップダウンのリストから選ぶ方がより高い効率と精度で入力できるでしょう。今回は表 1-3-1 にある利用者番号 1～7 をリストから選べるようにします。

　「体温」と「血圧(上)」と「血圧(下)」はさまざまな数値を入力するため、テキストボックスに直接入力する手段が適しています。

　「入浴」は「有」「無」「清拭」のいずれかを入力するのでした。リストから選択する手段でもよいのですが、今回は練習を兼ねて、ラジオボタンから選択するとします。

　「脳トレ」と「メドマー」と「干渉波」はいずれも、あり／なしの2択で入力したいので、チェックボックスのオン／オフが適しています。

　最後の「特記＆メモ」も、コメントなどさまざまな文字列を入力することになるため、テキストボックスに直接入力する手段とします。

日付の項目を設けるなら：
もし、データを記録した日付とは異なる日付を入力したい場合なら、日付の項目を設けるとよいでしょう。たとえば、売上関係のデータで、納期といった未来の日付を入力したい場合などです。

Google アカウントを取得しよう

Google フォームは無料サービスですが、使用するには「Google アカウント」が必要になります。Google アカウントとは、Google フォームや Google スプレッドシートや Google ドライブ、さらには Gmail をはじめとする Google の各種サービスを利用するためのアカウントです。Google アカウントの取得も無料で行えます。

Google アカウントのユーザー名はメールアドレスと兼用になります。もし、すでに Gmail など Google のサービスを利用しているなら、すでに Google アカウントをお持ちのはずです。その場合は次節へと進んで下さい。

一方、Google アカウントをお持ちでない方は、下記 URL から次の手順に従って作成してください。なお、解説の画面は OS が Windows 10 のデスクトップモード、Web ブラウザーは「Microsoft Edge」(以下、Edge) になります。

https://accounts.google.com/signup?hl=ja

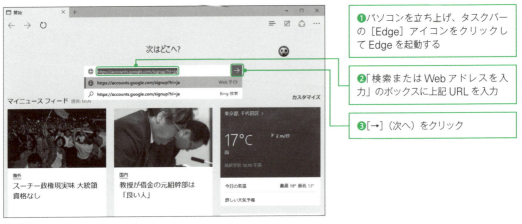

図 2-1-2 Google アカウント作成画面の URL

❶パソコンを立ち上げ、タスクバーの [Edge] アイコンをクリックして Edge を起動する

❷「検索または Web アドレスを入力」のボックスに上記 URL を入力

❸[→] (次へ) をクリック

図 2-1-3

URL の入力中:
Edge では URL 入力中、ボックスの下に、該当 Web ページなどがドロップダウンの形で表示されます。

URL の入力先:
Edge 以外の Web ブラウザーをお使いの場合、URL の入力先はアドレスバーなど、その Web ブラウザーの該当部分になります。

図 2-1-4 「Google アカウントの作成」画面が表示される

❹「名前」に姓と名を入力

❺「ユーザー名を選択」の「@gmail.com」の前に、希望するアカウント名を入力

❻「パスワードを作成」に希望するパスワードを入力

❼「パスワードを再入力」に❻と同じパスワードを入力

既存のメールアドレスも使える：
Google アカウントは Gmail のメールアドレスを新規取得する以外に、プロバイダなどから提供された現在利用中のメールアドレスも使えます。その場合、[現在のメールアドレスを使用する] をクリックし、画面の指示に従ってください。

希望アカウントが既に存在する場合：
❺に入力したアカウントが既に存在すると、「そのユーザー名を持つユーザーが既に存在します。別の名前を入力してください。」と表示されます。その場合は別のアカウントを入力しなおしてください。

図 2-1-5

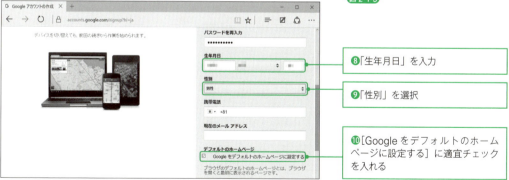

図 2-1-6

❽「生年月日」を入力

❾「性別」を選択

❿[Google をデフォルトのホームページに設定する]に適宜チェックを入れる

「携帯電話」と「現在のメールアドレス」：
入力必須ではないので、今回は入力しないとします。なお、ともに後からいつでも設定できます。携帯電話の番号は主にセキュリティ（端末の認証）に利用します。現在のメールアドレスはアカウント保護などに利用します。

［Googleをデフォルトのホームページに設定する］について：
Webブラウザーの新しいタブを開いた際、Googleを表示したければチェックを入れます。なお、この項目はWebブラウザーによっては表示されない場合があります。

図 2-1-7

⓫「ロボットによる登録でないことを証明」に表示される画像内の文字等を「テキストを入力」に入力

⓬「国／地域」に国／地域を設定。通常は標準で［日本］が選ばれているので変更不要

⓭「Googleの利用規約とプライバシーポリシーに同意します」をオンにする

⓮［次のステップ］をクリック

Googleの利用規約とプライバシーポリシー：
リンク先をクリックして開き、内容を確認しておきましょう。

図 2-1-8

⓯アカウント作成に成功すると、取得できたメールアドレスが表示される

アカウント作成に失敗したら：
入力内容に不備があるなどの理由でアカウント作成に失敗したら、画面の指示に従って入力内容を修正してください。

> [次へ] をクリックした場合：
> 「ようこそ！」の画面で［次へ］をクリックすると、「アカウント情報」画面が表示されます。
> 登録情報の編集やセキュリティ関係など、Google アカウントの各種設定ができます。

これで Google アカウントを作成できました。作成直後はログインした状態になります。画面右上のアカウントのアイコンにマウスポインターを重ねると、アカウントである Gmail のメールアドレスがポップアップで表示されます。

もし、Google アカウントをログアウトした状態になったら、Google アカウントとパスワードでログインし直してください。

Google ドライブ（Google フォームと Google スプレッドシート含む）など、Google の各種サービスは画面右上の［Google アプリ］ボタンから利用できます。クリックすると、各サービスのメニューが表示されます。

また、以降は Google のトップページ（https://www.google.co.jp/）を新たに開くと、次のような画面が表示されるようになります。同様に右上のアイコンから Gmail のメールアドレスを確認したり、［Google アプリ］ボタンから各種サービスを利用したりできます。

図 2-1-9

図 2-1-10

2 Google フォームを作成しよう

本節では、Google フォームを作成します。前節から引き続き、パソコンの Web ブラウザー上での作業になります。

Google フォームを新規追加してタイトルを設定

　Google アカウントを用意できたところで、本節ではいよいよ Google フォームの作成に取りかかります。

　繰り返しになりますが、Google フォームは Google ドライブの機能のひとつです。それゆえ、Google フォームの作成は Google ドライブを開いて進めていきます。作成の大まかな流れは、最初に Google ドライブで Google フォームの本体を新規追加します。すると、Google フォームの中身を作成する画面が開くので、まずはタイトルを設定します。そして、前節で提示したデータ項目をひとつずつ追加していきます。最後に各種細かい設定をして、保存先を設定します。

　では、Google ドライブで Google フォームの本体を新規追加する方法から解説します。以下の手順は、前節で Google アカウントを新規作成したなら、作成直後の画面から始めてください。Google アカウントをすでにお持ちの場合は、Google のトップページ（https://www.google.co.jp/）から始めてください。

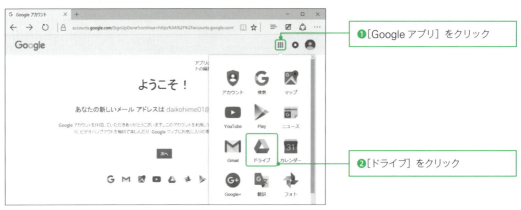

❶ [Google アプリ] をクリック
❷ [ドライブ] をクリック

図 2-2-1

　Google ドライブの画面が開きます。Web ブラウザーのタブには「マイドライブ」と表示されます。

図 2-2-2

図 2-2-3

Web ブラウザーの新しいタブ「無題のフォーム」が開き、Google フォームが新規追加されます。

図 2-2-4

新規追加されたGoogleフォームの作成画面が表示されます。

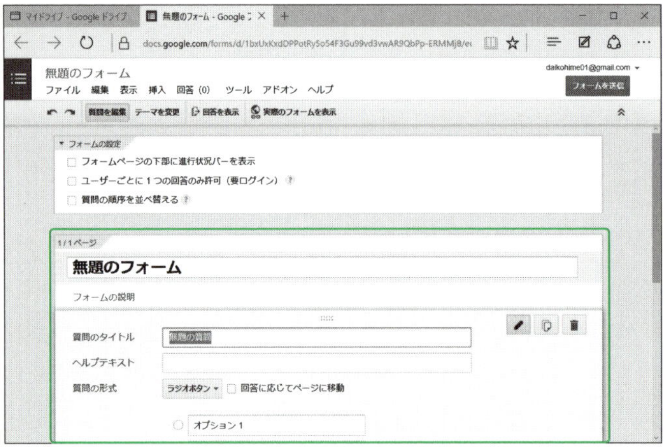

図 2-2-5

「マイドライブ」タブにも反映：
Googleフォームを新規追加すると、Webブラウザーの「マイドライブ」タブの一覧に、Googleフォームのアイコンが追加で表示されます。

　これでGoogleフォームを新規追加し、作成画面を表示できました。フォームのタイトルを設定しましょう。タイトルとあわせて、フォームの説明も設定できます。フォームの説明とは、タイトル下に表示される文章です。今回、タイトルとフォームの説明は下記を設定するとします。

タイトル	利用記録
フォームの説明	利用者1人の1日ごとの利用記録です。

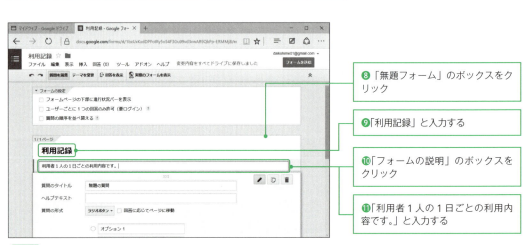

❽「無題フォーム」のボックスをクリック

❾「利用記録」と入力する

❿「フォームの説明」のボックスをクリック

⓫「利用者1人の1日ごとの利用内容です。」と入力する

図 2-2-6

タイトルを設定すると、Webブラウザーのタブの文言がそのタイトルに変更されます。本作例の場合、画面のように「無題フォーム」から「利用記録」に変更されます。

なお、Googleフォームは設定した内容は自動で保存されます。特に保存のための操作は必要ありません。自動で保存が行われると、メニューバーの右側にメッセージが表示されます。保存が完了すると画面上部に、「変更内容をすべてドライブに保存しました」と表示されます。

> 「フォームの設定」について：
> タイトルの設定欄の上にある「フォームの設定」の各設定項目は今回、標準のままとします。解説は割愛させていただきます。

「利用者番号」のリストを追加しよう

Googleフォームを新規追加し、フォームのタイトルと説明を設定できたら、前節で決めた9項目のデータを入力するためのテキストボックスなどを追加していきましょう。

Googleフォームでは、データを入力するためのテキストボックスなど、フォームを構成する要素を「アイテム」と呼びます。アイテムの中で、データ入力手段のものは下記になります。

```
・テキスト      ・段落テキスト    ・ラジオボタン
・チェックボックス ・リストから選択  ・スケール
・グリッド      ・日付         ・時間
```

図 2-2-7

「テキスト」と「段落テキスト」はともにテキストボックスです。両者の違いですが、「テキスト」は名詞ひとつといった短い文字列、および数値などを直接入力するテキストボックスです。「段落テキスト」は長めの文章を入力するためのテキストボックスになります。後者は途中で改行ができますが、前者ではできません。「リストから選択」は選択肢で入力できるドロップダウンのリストです。

今回は「テキスト」、「段落テキスト」、「ラジオボタン」、「チェックボックス」、「リストから選択」の5種類のアイテムを使用します。「スケール」から「時間」までのアイテムは使用しません。それらについては本節末コラム（P056）で簡単に紹介します。

アイテムの追加方法ですが、Googleフォームは新規作成直後、次の画面のようにひとつ目のアイテムが追加された状態になります。アイテムは最小限、次の項目を設定する必要があります。

図 2-2-8

「質問のタイトル」	フォーム上に表示される質問の文言を指定します。データ保存時には、この文言がそのままGoogleスプレッドシートの列名になります。
「質問の形式」	データ入力手段をセレクトボックスから選びます。その後、必要に応じて詳細を設定します。たとえば、リストなら各選択肢を設定します。詳細の設定内容は入力手段によって異なるので、これから作成する中で順次解説していきます。
［完了］ボタン	最後に［完了］をクリックします。

　それでは、前節で決めた9項目のデータを入力するアイテムを順に追加していきましょう。最初は「利用者番号」です。入力手段は"リストから選択"であり、データの種類は数値（整数）でした。リストの選択肢は1〜7の連番でした。これらを設定していきます。Googleフォームでリストの選択肢で入力するには、「リストから入力」のアイテムを用います。

図 2-2-9

　リストの選択肢を追加するボックスが表示されます。

図 2-2-10

「3.」のボックスが下に自動で追加されます。

図 2-2-11

アイテム「利用者番号」の編集画面が閉じます。これで、このアイテムの追加は終了です。

図 2-2-12

COLUMN

アイテムを編集するには

　一度追加した後で、「質問のタイトル」の変更や選択肢の追加など、アイテムの編集を行いたければ、目的のアイテムの付近にマウスポインターを重ねると右側に表示される［編集］ボタンをクリックしてください。すると、アイテムの編集画面が再び表示されるので、編集を適宜行ってください。

図 2-2-13

「体温」と「血圧（上）」と「血圧（下）」のテキストボックスを追加しよう

　続けて、「体温」と「血圧（上）」と「血圧（下）」を入力するアイテムを追加しましょう。ともに入力手段は"テキストボックスに直接入力"です。データの種類は「体温」が数値（小数）、「血圧（上）」と「血圧（下）」は数値（整数）でした。Googleフォームでは、整数にせよ小数にせよ数値をテキストボックスに直接入力するには、「テキスト」のアイテムを用います。

　2つ目以降のアイテムは、画面下部にある［アイテムを追加］ボタンから追加します。その際、同ボタン右側の［▼］からアイテムの種類を指定して追加することもできます。以降はその方法を用いるとします。

図 2-2-14

「テキスト」のアイテムが追加されます。「質問の形式」が自動で［テキスト］に設定されます。

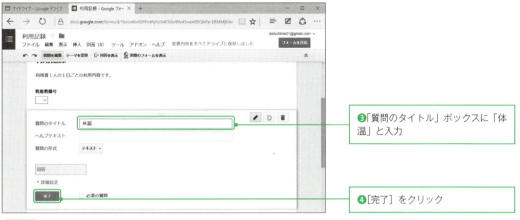

❸「質問のタイトル」ボックスに「体温」と入力

❹［完了］をクリック

図 2-2-15

アイテム「体温」の編集画面が閉じ、テキストボックスが表示されます。
続けて、アイテム「血圧（上）」を同様の手順で追加します。

❺［アイテムを追加］の右側の［▼］をクリック

❻［テキスト］をクリック

図 2-2-16

「テキスト」のアイテムが追加されます。「質問の形式」が自動で［テキスト］に設定されます。

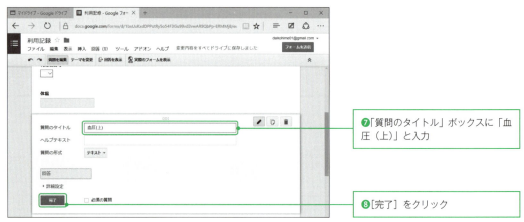

図 2-2-17

❼「質問のタイトル」ボックスに「血圧（上）」と入力

❽[完了]をクリック

> **カッコについて：**
> 「質問のタイトル」に入力する「血圧（上）」と「血圧（下）」のカッコは今回、すべて半角とします。もちろん、全角にしても問題ありません。

　アイテム「血圧(上)」の編集画面が閉じ、テキストボックスが表示されます。続けて、アイテム「血圧（下）」も同様の手順で追加しましょう。

図 2-2-18

❾[アイテムを追加]の右側の[▼]をクリック

❿[テキスト]をクリック

図 2-2-19

ラジオボタンを追加しよう

次に追加するアイテムは「入浴」のラジオボタンです。選択肢は「有」「無」「清拭」の3つでした。選択肢の設定方法は「リストから選択」とほぼ同じです。

図 2-2-20

❶ [アイテムを追加] の右側の [▼] をクリック

❷ [ラジオボタン] をクリック

「ラジオボタン」のアイテムが追加されます。「質問の形式」が自動で [ラジオボタン] に設定されます。

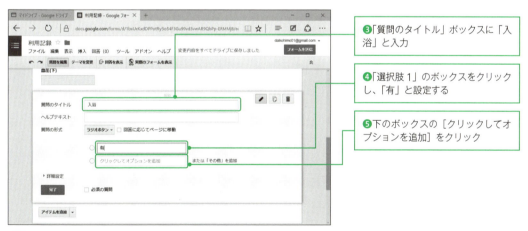

図 2-2-21

❸「質問のタイトル」ボックスに「入浴」と入力

❹「選択肢1」のボックスをクリックし、「有」と設定する

❺ 下のボックスの [クリックしてオプションを追加] をクリック

「清拭」を漢字変換で入力するには：
「清拭」は「せいしき」と読みます。入力の際は、ひらがなで「せいしき」と入力してから漢字に変換してください。

図 2-2-22

アイテム「入浴」の編集画面が閉じ、ラジオボタンの3つの選択肢が表示されます。

図 2-2-23

「脳トレ」と「メドマー」と「干渉波」のチェックボックスを追加しよう

次は「脳トレ」と「メドマー」と「干渉波」のチェックボックスを追加していきます。

図 2-2-24

「チェックボックス」のアイテムが追加されます。「質問の形式」が自動で［チェックボックス］に設定されます。

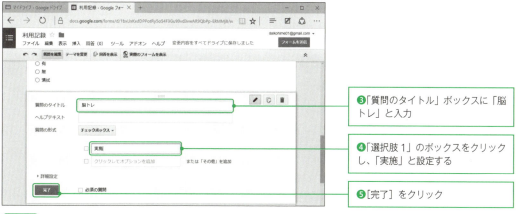

❸「質問のタイトル」ボックスに「脳トレ」と入力

❹「選択肢1」のボックスをクリックし、「実施」と設定する

❺［完了］をクリック

図 2-2-25

アイテム「脳トレ」の編集画面が閉じ、「実施」のチェックボックスが表示されます。続けて、［アイテムの追加］から、2つ目のチェックボックスを追加します。

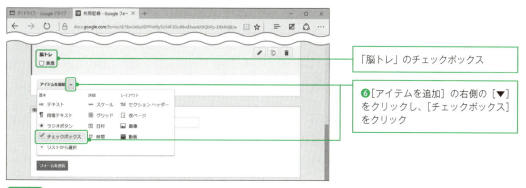

「脳トレ」のチェックボックス

❻［アイテムを追加］の右側の［▼］をクリックし、［チェックボックス］をクリック

図 2-2-26

同様の操作で「メドマー」と「干渉波」のチェックボックスも追加します。

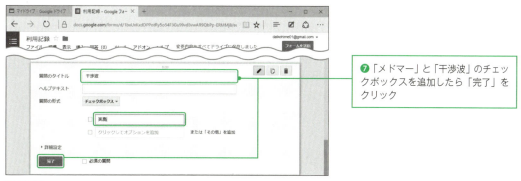

❼「メドマー」と「干渉波」のチェックボックスを追加したら「完了」をクリック

図 2-2-27

049

アイテム「干渉波」の編集画面が閉じ、「実施」のチェックボックスが表示されます。

図 2-2-28

　チェックボックスの選択肢設定の画面を操作していて気づいた読者の方も少なくないかと思いますが、［クリックしてオプションを追加］から項目を複数追加することも可能です。そのため、チェックボックスをひとつのアイテムにまとめて、［脳トレ］と［メドマー］と［干渉波］の3つの項目を並べて設けることもできます。

　しかし、そのような形式でチェックボックスを用意してしまうと、実はGoogleフォームの特性上、データ活用の際に何かと不都合が生じてしまいます。そのような事態を避けるため、「脳トレ」と「メドマー」と「干渉波」のチェックボックスを独立したアイテムとして設けているのです。詳細は本節末コラムで解説します。

「特記＆メモ」のテキストボックスを追加しよう

　最後に「特記＆メモ」のテキストボックスを追加しましょう。比較的長めの文章を入力するので、「段落テキスト」のアイテムを採用します。なお、「特記＆メモ」の「＆」は全角で入力するとします（半角でも誤りではありません）。

❶［アイテムを追加］の右側の［▼］をクリック

❷［段落テキスト］をクリック

図 2-2-29

「段落テキスト」のアイテムが追加されます。「質問の形式」が自動で［段落テキスト］に設定されます。

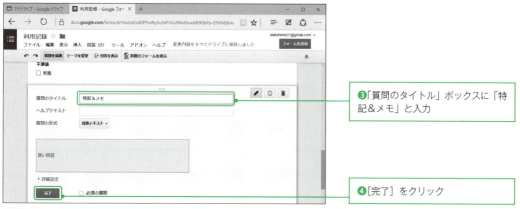

❸「質問のタイトル」ボックスに「特記＆メモ」と入力

❹［完了］をクリック

図2-2-30

アイテム「特記＆メモ」の編集画面が閉じ、「段落テキスト」のテキストボックスが表示されます。

図2-2-31

フォームを一度確認してみよう

これで目的のデータ計9つの項目について、必要なアイテムをすべて追加できました。ここで一度、パソコンのWebブラウザー上で作成したGoogleフォームを表示確認してみましょう。

Googleフォームの表示はツールバーの［実際のフォームを表示］から行えます。Webブラウザーの新規タブに表示されます。

図 2-2-32

　Web ブラウザーの新規タブ［利用記録］が追加され、作成した Google フォーム「利用記録」が表示されます。

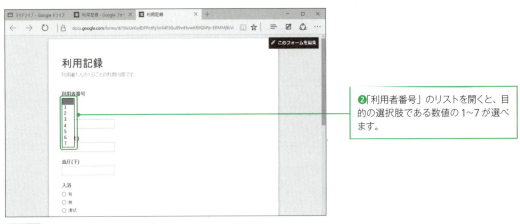

図 2-2-33

「このフォームを編集」の表示：
右上の「このフォームを編集」は、フォームの作成者のみに表示されます。他ユーザーには表示されません。

　テキストやラジオボタン、チェックボックス、段落テキストの各項目も操作して確認しましょう。ただし、［送信］ボタンはクリックしないでください。

図 2-2-34

　確認し終わったら、Web ブラウザーのタブ［利用記録］の［×］をクリックして、Google フォーム「利用記録」を閉じてください。「このページから移動しますか？」と聞かれた場合は、［このページから移動］をクリックします。

保存先となる Google スプレッドシートを用意しよう

　本節で作成した Google フォーム「利用記録」で入力したデータの保存先となるのが Google スプレッドシートですが、現時点では Google ドライブ上に表示されていません。Web ブラウザーのタブ［マイドライブ］に切り替えると、Google フォーム「利用記録」のアイコンしか見あたりません。

図 2-2-35

　保存先となる Google スプレッドシートはユーザーが用意する必要があります。保存先の Google スプレッドシートは新規作成したものか、既存の Google スプレッドシートの新しいシ

ートかのいずれかを選べます。今回は新規作成したGoogleスプレッドシートに保存するとします。

　Googleスプレッドシートの名前は何でもよいのですが、自動で付けられる標準の形式「Googleフォーム名（回答）」とします。本書サンプルではGoogleフォーム名が「利用記録」なので、保存先となるGoogleスプレッドシートの名前は「利用記録（回答）」となります。

❶Webブラウザーのタブ［利用記録］をクリックして、Googleフォームの作成画面に戻る

❷ツールバーの［回答を表示］をクリック

図 2-2-36

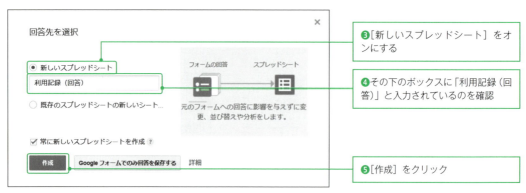

❸［新しいスプレッドシート］をオンにする

❹その下のボックスに「利用記録（回答）」と入力されているのを確認

❺［作成］をクリック

図 2-2-37

　　［常に新しいスプレッドシートを作成］について：
　　［常に新しいスプレッドシートを作成］にチェックを入れると、次回以降にGoogleフォームを新たに作成すると、保存先となるGoogleスプレッドシートが自動で新規作成されます。名前は標準の形式「Googleフォーム名（回答）」になります。

　　既存のスプレッドシートに保存：
　　既存のGoogleスプレッドシートに保存するには、［既存のスプレッドシートの新しいシート］を選んでください。

　Googleスプレッドシート「利用記録（回答）」が新規作成され、Webブラウザーの新規タブ「利用記録（回答）」に表示されます。

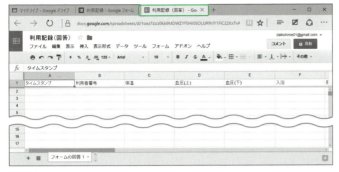

図 2-2-38

> **ポップアップの許可:**
> ［作成］ボタンをクリック後、Web ブラウザーからポップアップの許可を求められたら許可してください。

　本節で作成した Google フォーム「利用記録」で入力したデータは、この Google スプレッドシート「利用記録（回答）」に表形式で保存されていきます。1 行目を見ると、B 列以降の列がフォームの「質問のタイトル」と同じ名前に自動で設定されます。この 1 行目が列名の行になります。実際のデータは 2 行目以降に蓄積されていきます。
　また、A 列の列名は「タイムスタンプ」となっています。この列は Google フォームでデータ送信時に自動的に付加される日付／時刻のデータ（Excel のシリアル値と同じ形式）が格納されます。
　Google スプレッドシート「利用記録（回答）」を確認したら、Web ブラウザーのタブ「利用記録（回答）」の［×］をクリックして閉じてください。

　再び Web ブラウザーのタブ［マイドライブ］に切り替えると、Google スプレッドシート「利用記録（回答）」のアイコンが追加されたことが確認できます。このアイコンをダブルクリックすると、先ほどと同様にタブ「利用記録（回答）」に開くことができます。Google フォーム「利用記録」も同様に、タブを閉じた後はこの画面でアイコンをダブルクリックすれば、作成画面を開くことができます。

図 2-2-39

COLUMN

Google フォームのその他のアイテム

本書サンプルでは利用しませんでしたが、Google フォームには他にも何種類かのアイテムが用意されています。ここでは「日付」と「時間」と「スケール」のみ簡単に紹介します。

■日付

日付のシリアル値を入力するアイテムです。カレンダーから入力することも可能です。

図 2-2-40 設定画面

[年を含める]にチェックを入れると、年も入力可能になる。[時刻を含める]にチェックをいれると、日付とともに時刻も入力可能になる

図 2-2-41 実際のフォームの画面

年と月と日をドロップダウンのリストから入力できる。

右端のアイコンをクリックすると、カレンダーが表示される。目的の日付をクリックすれば入力できる

■時間

図 2-2-42 設定画面

時間のシリアル値を入力するアイテム。時刻または経過時間のいずれかを選べる。[経過時間] にチェックを入れると、秒まで含めた経過時間を入力できる

図 2-2-43 実際のフォームの画面

時と分をドロップダウンのリストから入力できる。時は24時間制で入力する。設定画面にある [AM/PM] は表示されない（本書執筆時点）

■スケール

図 2-2-44 設定画面

段階に応じた数値を入力できる。たとえば、満足度などを5段階で入力したい場合などに便利。「～」の両端の数値を変更することで、段階の数を変更できる。両端の文言も設定できる

図 2-2-45 実際のフォームの画面

段階の数値はオプションボタンで選ぶかたちで入力する

COLUMN

Google フォームのチェックボックスに注意

チェックボックスのアイテムでは、選択肢は本書サンプルのようにアイテムごとに1つだけでなく、画面のように複数設定することもできます。

図 2-2-46

実際のフォームでは次の画面のようになります。

図 2-2-47

各選択肢がコンパクトにまとまり、見やすく使いやすそうなフォームになります。しかし、保存先の Google スプレッドシートにおけるデータの保存のされ方にクセがあります。チェックを入れた選択肢を「,」(カンマ)で区切ったものを1つのセルにおさめた形式で保存されてしまうのです。たとえば、[脳トレ]と[干渉波]にチェックを入れて送信したとします。

図 2-2-48

すると、保存先の Google スプレッドシートでは、データは画面のように 1 つのセルに「脳トレ , 干渉波」というかたちで保存されます。

図 2-2-49

また、[脳トレ] と [メドマー] と [干渉波] にチェックを入れて送信したとします。

図 2-2-50

保存先の Google スプレッドシートでは、データは画面のように 1 つのセルに「脳トレ , メドマー , 干渉波」というかたちで保存されます。

図 2-2-51

　データがこのような形式で保存されてしまうと、Chapter 6 以降でデータを書類作成や集計で活用したい際、非常に扱いづらくなってしまいます。たとえば、各選択肢の合計を集計したい場合、1 つのセル内のデータを「,」で分けてから集計する必要が生じます。「,」で分けることは関数などを使えば可能ですが、数式が複雑になるので、相応の手間がかかり、かつ、誤りの恐れも増します。本書サンプルでは、そのようなデメリットを避けるため、チェックボックスの選択肢はアイテムごと 1 つにしているのです。

3 フォームをより入力しやすくしよう

前節で作成した Google フォーム「利用記録」に対して、数値の上限と下限の制限など、よりデータが入力しやすくし、かつ、入力ミスの恐れを最小化する仕組みを設定します。

Google フォームをより入力しやすくするための仕組み

前節では Google フォーム「利用記録」を作成しました。必要とするデータの入力に必要なアイテムはすべて用意できたので、この時点でタブレットにてデータ入力が行えます。しかし、その前に本節にて、データをより入力しやすくするために、ひと手間加えるとします。あわせて、データ入力の際にありがちなミスを防げるようにもします。

ミスの観点で言うと、本書サンプルで入力するデータには「体温」など、テキストボックスに数値を直接入力する項目がいくつかあります。テキストボックスは通常、データを自由に入力できます。それゆえ、本来は数値を入力するテキストボックスなのに、文字列を入れてしまうかもしれません。また、体温にマイナスの数値を入れてしまったり、100 度などあり得ないほど高い数値を入れてしまったりするなどのケースも起こりえます。さらには、いくつかの項目を入力し忘れたまま、データを送信してしまうミスも考えられるでしょう。

Google フォームでは、そのようなデータ入力のミスを防ぐためのさまざまな仕組みが、アイテムの種類に応じて用意されています。主な仕組みは下記です。アイテムに対してルールを設定し、もし反するデータを入力したら、エラーメッセージを表示する仕組みです。

テキスト	データの種類を数値のみかテキストのみかに制限できます。さらに数字のみに制限した場合、たとえば「30 より大きい」などと値の範囲も制限できます。テキストのみに制限した場合、たとえばメールアドレスの形式のみや指定した語句を必ず含むなどに制限できます。
段落テキスト	入力できる最大の文字数、または最小限入力が必要な文字数を設定できます。

設定した範囲外の数値を入力すると、エラーメッセージが表示される

図 2-3-1 入力ルールの例。指定した範囲以外の数値を入力すると警告を表示

入力ルールの設定は、各アイテムの編集画面にある「詳細設定」を開いて行います。具体的な設定方法はこの後で詳しく解説します。

ルールに加えて、入力を必須とするかどうかも設定できます。必須に設定した場合、もし入力し忘れるとエラーメッセージが表示されるようになります。アイテムの種類を問わず設定できます。また、この設定のみ、「詳細設定」を開いて行う必要はありません。

Googleフォームでは、これらのような仕組みを有効化するよう設定することで、入力ミスの可能性を最小化できます。

図 2-3-2 入力必須項目を入力しないと警告を表示

> **他の種類のアイテムについて：**
> テキストや段落テキスト以外のアイテムでも、入力ミスを防ぐ仕組みがいくつか用意されています。本書サンプルでは使用しないので、解説は割愛させていただきます。

さらにこれらの仕組みの中には、入力効率の向上に寄与するものもあります。たとえば、タッチキーのモードの自動切り替えです。一般的にタブレットでは、テキストボックスにタッチキーを使って直接入力する際、数値を入力したいのにタッチキーのモードがひらがなになっていたら、テンキーなど数値が入力できるモードに切り替えなければなりません。

Googleフォームのテキストボックスでは、テキストボックス（「テキスト」のアイテム）のデータの種類を数値に設定すると、タッチキーがテンキーなど数値を入力するモードに自動で切り替わるようになります。このような仕組みによって、入力をより効率化できます。

図 2-3-3 数値を入力したいテキストボックスで、タッチキーが数値入力のモードに自動で切り替わる

入力ルールを設定しよう

本節ではこれから、Googleフォーム「利用記録」に対して、入力ルールを設定していきます。本来はすべてのアイテムにそれぞれ適宜設定すべきですが、今回は以下のみとします。

入力必須	「利用者番号」、「体温」、「血圧（上）」、「血圧（下）」、「入浴」
テキストボックスの数値の上限と下限	・「体温」 　上限：45度　下限：30度 ・「血圧（上）」と「血圧（下）」 　上限：250　下限：20 今回、数値の範囲は多少広めに設定するとします。

それでは入力ルールを設定していきましょう。前節で追加したアイテムの編集画面を再び開き、「詳細設定」にて設定していきます。

「利用者番号」を入力必須に設定

アイテムの編集画面は、右側に表示されるボタンから開きます。

図 2-3-4

アイテム「利用者番号」の編集画面が開きます。

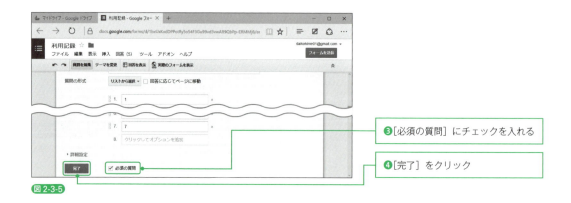

図 2-3-5

アイテム「利用者番号」の編集画面が閉じます。

入力必須に設定すると、質問のタイトルの右隣に、赤文字で「*」（アスタリスク）が表示されるようになります。

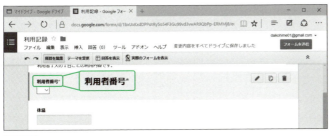

図 2-3-6

「体温」を入力必須にして、数値の上限を 45、下限を 30 に設定

❶アイテム「体温」の部分にマウスポインターを重ねる

❷[編集]ボタン(鉛筆のアイコン)をクリック

図 2-3-7

　アイテム「利用者番号」の編集画面が開きます。

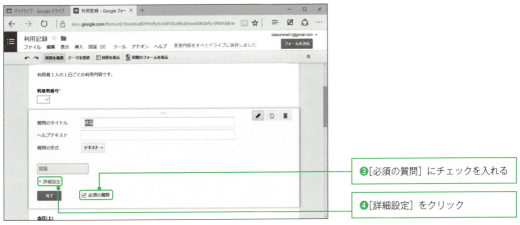

❸[必須の質問]にチェックを入れる

❹[詳細設定]をクリック

図 2-3-8

「詳細設定」が展開して開きます。

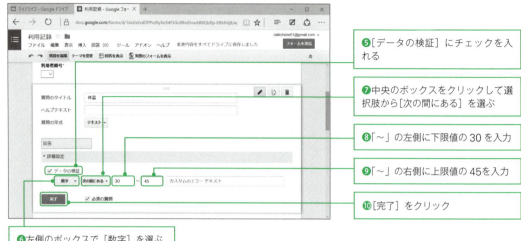

図 2-3-9

 左側のボックス：
標準で［数字］が選ばれているため、通常は変更不要です。

 数値の条件：
中央のボックスで選べる数値の条件は「次の間にある」以外にも、「次以上」や「次より小さい」などが用意されています。

COLUMN

エラーメッセージの内容

ルールに反する数値が入力された場合、通常は標準のエラーメッセージが表示されます。たとえば、ここで設定したルールなら「30と45の間の数字を入力してください」となります。具体的な表示内容は［詳細設定］を再びクリックして閉じると、［詳細設定］の右隣に、「検証:」に続けて表示されます。

もし、オリジナルのエラーメッセージを表示したければ、「カスタムエラーのテキスト」にエラーメッセージの文言を設定してください。

「血圧（上）」を入力必須にして、数値の上限を250、下限を20に設定

同様の手順でアイテム「血圧（上）」の編集画面を開き設定します。

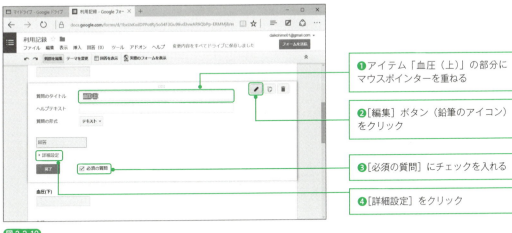

❶アイテム「血圧（上）」の部分にマウスポインターを重ねる

❷［編集］ボタン（鉛筆のアイコン）をクリック

❸［必須の質問］にチェックを入れる

❹［詳細設定］をクリック

図 2-3-10

「詳細設定」が展開して開きます。

❺［データの検証］にチェックを入れる

❼中央のボックスをクリックして選択肢から［次の間にある］を選ぶ

❽「～」の左側に下限値の20を入力

❾「～」の右側に上限値の250を入力

❿［完了］をクリック

❻左側のボックスで［数字］を選ぶ

図 2-3-11

同様の手順で、「血圧（下）」も入力必須にして、数値の上限を250、下限を20に設定しましょう。

「入浴」を入力必須にする

同様の手順でアイテム「入浴」の編集画面を開き設定します。

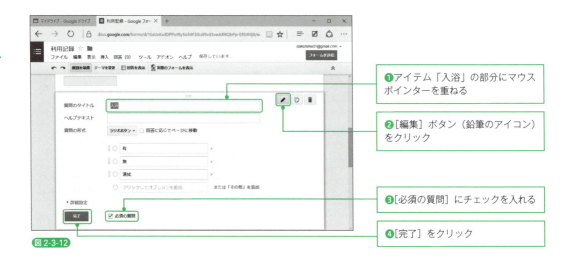
図 2-3-12

今回はアイテムを追加した後、改めて「詳細設定」を開いて、入力のルールを追加しましたが、もちろんアイテム追加と同時に入力のルールを設定しても構いません。

また、一度追加したアイテムは編集画面を再び開くことで、[必須の質問]や「詳細設定」のみならず、「質問のタイトル」の変更や選択肢の追加・変更・削除なども行えます。さらにアイテム自体についても、ドラッグ操作で並べ替えたり、右上のボタンからコピーや削除が行えたりします。

「確認ページ」の設定

本書サンプルにおけるフォームをより入力しやすくするための仕組みの設定は以上です。

さて、Googleフォーム「利用記録」の作成画面を一番したまでスクロールすると、「確認ページ」というカテゴリの中に設定項目が4つあります。

図 2-3-13

「確認ページ」とは、Googleフォームの各アイテムにデータを入力し、[送信]ボタンをタップしてデータを送信した後に表示される画面のことです。たとえば、次のような画面になります。

この確認ページの設定も必要に応じて行います。設定は作成画面の「確認ページ」カテゴリの各項目で行えます。各項目の概要は次の通りです。

図 2-3-14 確認ページの例

「回答を記録しました。」のボックス	確認ページに表示されるメッセージの内容
[別の回答を送信するためのリンクを表示]	同じフォームを再び表示するためのリンクの表示
[フォームの結果への一般公開リンクを公開して表示する]	集計結果概要グラフのリンクを表示
[回答者に送信後の回答の編集を許可]	送信後にデータの変更を行うためのリンクを表示

では、これらの項目を本書サンプルのために設定しましょう。確認ページに表示されるメッセージは現在、標準の「回答を記録しました。」となっています。このままでもよいのですが、今回は練習を兼ねて「利用記録のデータを送信しました。」に変更するとします。

[別の回答を送信するためのリンクを表示]は、同じフォームを使って連続してデータを入力・送信したければチェックを入れます。標準ではチェックが入っています。本書サンプルでは、連続してデータを入力可能にしたいので、チェックを入れたままにします。実際のリンクや操作については次節で解説します。

[フォームの結果への一般公開リンクを公開して表示する]は今回、概要グラフは表示しなとします。そのため、チェックは入れません。

[回答者に送信後の回答の編集を許可]は、[送信]ボタンをタップしてデータを送信した直後、そのデータをフォーム上で編集（修正）できるようにしたければチェックを入れます。今回は送信直後に編集可能にするとします。標準ではチェックが入っていないため、チェックを入れてください。送信直後の編集の操作については、次節で解説します。

なお、そのすぐ下にある[フォームを送信]ボタンはここではクリックしないでください。右上のボタンとあわせて、次節で解説します。

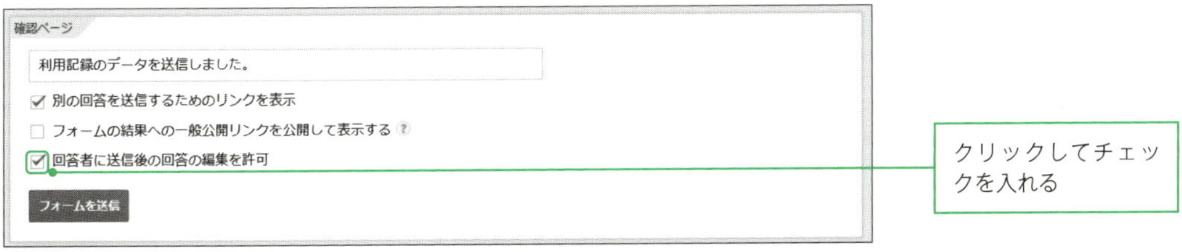

図 2-3-15

CHAPTER 2

4 タブレットでGoogleフォームを開いてデータを入力しよう

本節では、前節までにパソコン上で作成したGoogleフォーム「利用記録」をタブレットで開き、実際にデータを入力してみます。

Google フォームの URL をタブレットに送って開く

本章ではパソコン上のWebブラウザーにて、Googleフォーム「利用記録」を作成し、前節で完成しました。完成したGoogleフォーム「利用記録」は、タブレットのWebブラウザーで開いてデータを入力することになります。

そのためには、Googleフォーム「利用記録」のURLをタブレットのWebブラウザーに知らせる必要があります。その方法はさまざまですが、もっとも効率がよいのが「フォームを送信」機能による方法です。Googleフォーム作成画面の右上にある［フォームを送信］ボタンから利用できます。目的のGoogleフォームのURLをGmailで伝えることができます。タブレットでは、受信したメール本文に記載されたURLのリンクをタップするだけで、目的のGoogleフォームをWebブラウザーで開くことができます。

それでは、Googleフォーム「利用記録」のURLを、［フォームを送信］ボタンからメールでタブレットへ送ってみましょう。タブレットで受信可能なメールアドレスを用意したら、次の手順で送信してください。今回は「フォームを送信」機能に付いている短縮URLの機能も練習として使うとします。通常のURLは長いため、短縮URLにしたほうが何かと扱いやすいでしょう。

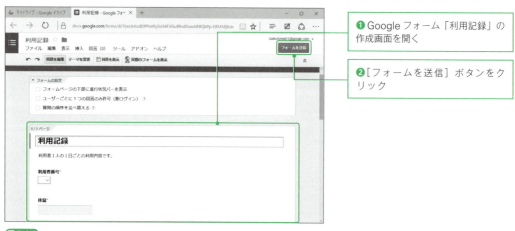

❶Googleフォーム「利用記録」の作成画面を開く

❷［フォームを送信］ボタンをクリック

図 2-4-1

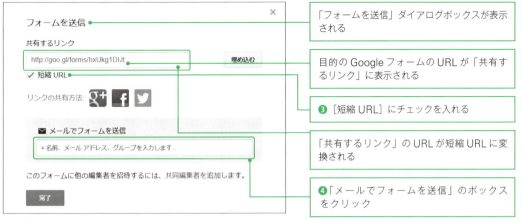

図 2-4-2

URL をコピーして利用することも可能：
Gmail ではなく別のメールソフトで URL を送りたい場合は、「共有するリンク」に表示される URL の文字列をコピーし、別のメールソフトの送信メール本文に貼り付けて送信してください。また、メールを使わず、コピーした URL をテキストファイルなどに貼り付けて、SD カードなどでタブレットに取り込んでから開いても構いません。

URL によるセキュリティ：
URL の「forms/」以降はランダムな英数字を組み合わせた複雑ものとなっています。推測が非常に困難なため、URL を通知されたユーザー以外の第三者に開かれる恐れを最小化できます。

図 2-4-3

メールが送信され、「フォームを送信」ダイアログボックスが閉じます。

「メッセージと件数とカスタマイズ」のボックス：
メールの件名やメッセージを適宜入力できます。特に何も追加・変更しなくても送信できます。

SNS でも送れる：
「フォームを送信」ダイアログボックスの各 SNS のアイコンをクリックすると、目的の Google フォームの URL を SNS でタブレットに伝えることができます。

　パソコンから Google フォーム「利用記録」の URL をメールで送信できたら、タブレットを立ち上げてメールを受信し、Google フォーム「利用記録」を Web ブラウザーで開いてみましょう。メール本文に記載されているリンクは［Google フォームでご記入］になります。

　なお、受信メールの本文にも、作成した Google フォーム「利用記録」そのものが表示されます。そのままドロップダウンやテキストボックスなどでデータを入力・送信できますが、本書では Web ブラウザーで開いて使うとします。現場でのデータ入力を繰り返し行うなら、いちいちメールアプリの受信メールを探すよりも、Web ブラウザーを利用した方が、ブックマーク（お気に入り）に登録できるなど、より効率よく Google フォームを開くことができるからです。

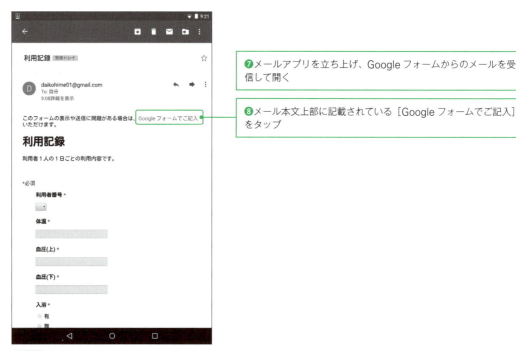

図 2-4-4 タブレットでメールを受信した画面の例

Webブラウザーが起動し、Googleフォーム「利用記録」が表示される

下にスクロールした画面

図2-4-5

図2-4-6

> **使用メールアプリとWebブラウザー：**
> 今回画面で使用しているメールアプリは、Android標準のメールアプリ（Gmail）になります。WebブラウザーはAndroid標準のChromeです。

図2-4-7 iPadで開いたGoogleフォーム「利用記録」Webブラウザーは標準のSafariを使用

図2-4-8 Windows 10タブレットで開いたGoogleフォーム「利用記録」Webブラウザーは標準のEdgeを使用

このGoogleフォーム「利用記録」のWebページをブックマーク（お気に入り）に登録しておいてください。次節以降はブックマーク（お気に入り）から開くようにしてください。

また、Webブラウザーの新規タブを開くと同時に、Googleフォーム「利用記録」を開くように設定しておけば、さらに効率よく開くことができるようになります。

COLUMN

スマートフォンでGoogleフォームを表示

Googleフォーム「利用記録」はスマートフォンでも同様の操作で、標準のWebブラウザーで開くことができます。右はiPhoneの標準WebブラウザーであるSafariで開いた画面です。このようにGoogleフォームは画面サイズに応じて、フォームのレイアウトを自動で調節してくれるのも特徴です。

画面は小さくてもよいから、現場では片手のみの操作でデータを入力したいなどの場合は、スマートフォンまたはiPod touchのような小型の端末を利用するとよいでしょう。

図 2-4-9

データを入力してみよう

それでは、タブレットのWebブラウザーで開いたGoogleフォーム「利用記録」でデータを入力してみましょう。入力し終わったら［送信］ボタンをタップし、データを送信します。送信した時点でGoogleスプレッドシートに保存されます。

ここでは、Chapter 1の3（P022）で紹介した図1-3-8のサンプルのワークシート「データ」の表における先頭（行番号4）にある1件のデータを入力するとします。具体的なデータは、本書ダウンロードファイルの「入力データ.xlsx」に別途用意しました。ここで入力する1件のデータは、同ファイルの行番号4を参照してください。

❶「利用者番号」のドロップダウンの▼をタップ

❸「体温」のテキストボックスをタップ

「体温」のテキストボックスにカーソルが移動し入力可能になる

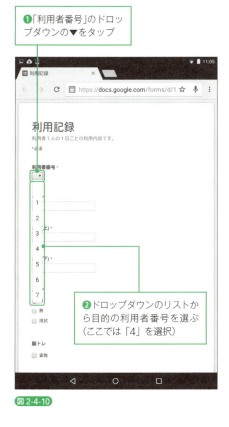

図 2-4-10

タッチキーが表示される

❺「血圧（上）」のテキストボックスをタップ

❷ドロップダウンのリストから目的の利用者番号を選ぶ（ここでは「4」を選択）

❹「体温」の数値をタッチキーで入力（ここでは「36.7」と入力）

図 2-4-11

❻「血圧（上）」の数値をタッチキーで入力（ここでは「129」と入力）

❼「血圧（下）」のテキストボックスをタップ

❽「血圧（下）」の数値をタッチキーで入力（ここでは「82」と入力）

❾「入浴」の3つのオプションボタンを適宜タップして選ぶ（ここでは「無」を選択）

❿「脳トレ」「メドマー」「干渉波」のチェックボックスを適宜タップしてチェックを入れる（ここでは「脳トレ」のみにチェックを入れる）

図 2-4-12

⓫「特記＆メモ」のテキストボックスをタップ
⓬「特記＆メモ」の内容をタッチキーで入力（ここでは「食欲なし」と入力）
⓭［送信］ボタンをタップ

図 2-4-13

確認画面が表示される

図 2-4-14

次の利用者のデータを連続して入力するなら、［別の回答を送信］をタップすれば、空のフォームが再び表示されます。［回答を編集］をタップすれば、送信したデータを編集できます。詳しくは本節末のコラム「データを送信直後に修正するには」を参照してください。

COLUMN

入力ルールに反する場合

前節で設定した入力ルールに反するデータを入力しようとすると、Google フォーム上にエラーが表示されます。たとえば、必須の質問に設定した項目にデータを入力せず、次の項目を入力しようとすると、必須の項目が赤枠で囲まれるとともに、「この質問は必須です」というエラーメッセージが表示されます。

数値の上限と下限を設定した項目の場合、範囲外のデータを入力すると、項目が赤枠で囲まれ、エラーメッセージが表示されます。たとえば、「体温」の項目の場合、上限の 45 から下限の 30 ではないデータを入れると、「30 と 45 の間の数字を入力してください」というエラーメッセージが表示されます。

さらにテキストボックス（「テキスト」と「段落テキスト」のアイテム）では、設定したデータの種類に応じて、タッチキーのモードが自動で切り替わります。今回、数値を入力するよう設定した「体温」と「血圧（上）」と「血圧（下）」の項目では、数値入力のモードに切り替わります）。「特記＆メモ」の項目では、日本語入力のモードに切り替わります。

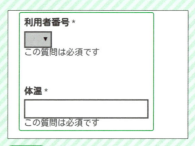

図 2-4-15

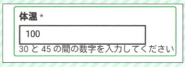

図 2-4-16

入力したデータをパソコンで確認しよう

これでタブレット上のGoogleフォーム「利用記録」にデータを入力して送信できました。ここで一度、データ保存先となるGoogleスプレッドシートをパソコン上で開き、ちゃんとデータが保存されたか確認してみましょう。

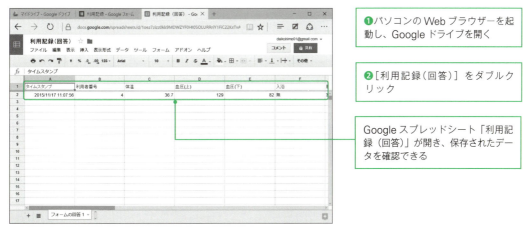

❶パソコンのWebブラウザーを起動し、Googleドライブを開く

❷［利用記録（回答）］をダブルクリック

Googleスプレッドシート「利用記録（回答）」が開き、保存されたデータを確認できる

図 2-4-17

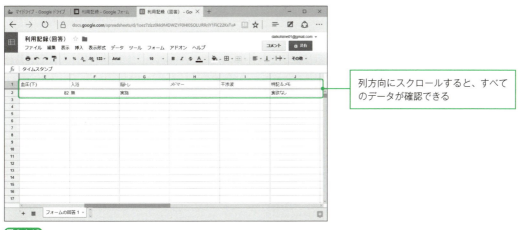

列方向にスクロールすると、すべてのデータが確認できる

図 2-4-18

1行目の各列にはChapter 2の2の最後でも解説した通り、列名としてGoogleフォームの「質問のタイトル」の文言がそのまま自動で入力されます。タブ名は「フォームの回答1」が自動で付けられます。

A列の「タイムスタンプ」のセルには、Googleフォームからデータを送信した時点での日付と時刻が自動で保存され「西暦年/月/日 時：分：秒」の形式で表示されます。データそのものはシリアル値になります。

COLUMN

データを送信直後に修正するには

　Googleフォーム「利用記録」は前節にて、確認ページの［回答者に送信後の回答の編集を許可］を有効化しました。そのため、［送信］ボタンをタップして直後に表示される確認画面からなら、データを修正できます。修正するなら、確認画面の［回答を編集］をタップしてください。すると、送信したデータが入力された状態のGoogleフォーム（図2-4-19）が再び開くので、適宜修正したら［送信］ボタンをタップしてください。

　送信した直後でなければ、基本的にはタブレット上では修正できません。パソコンのWebブラウザーにて、保存先のGoogleスプレッドシートを開いて修正します（図2-4-20）。

図 2-4-19

図 2-4-20

　さらには、もしタブレット側でもパソコンと同じGoogleアカウントを使用しているか、「共同編集者」のGoogleアカウントならば、Webブラウザーから保存先のGoogleスプレッドシートを開いて修正することも可能です。「共同編集者」とは、他のアカウントでも編集を許可するGoogleスプレッドシートの機能です。「フォームを送信」ダイアログボックスの下にある［共同編集者を追加］などから設定できます。詳しい解説は割愛させていただきますので、Googleのヘルプなどをご参照ください。

COLUMN

利用者番号だけでは入力しづらい場合

本書のGoogleフォーム「利用記録」では、1つ目のアイテム「利用記録」はドロップダウンのリストで入力するようになっていますが、選択肢は1〜7の数値のみです。そのため、どの利用者番号が誰のものなのかがわかりづらく、入力作業の妨げとなっています。また、誤った利用者番号を入力してしまう恐れもあります。

もし、入力の利便性を向上したければ、さまざまな方法が考えられますが、ここでは、リストの選択肢に氏名も並記する方法を紹介します。たとえば次のように、利用者番号の数値の後ろに、半角スペースを挟み氏名を並記した選択肢を設定します。

図 2-4-21

実際のフォームでは、このようなかたちでリストに選択肢が表示されます。

図 2-4-22

氏名も並記されているため、どの利用者番号が誰のものなのがひと目でわかり、効率よく入力できるようになります。その上、入力間違いも減らせます。フォームを送信すると、Googleスプレッドシートのセルには、選択肢に設定した「利用者番号 氏名」がそのまま保存されます。

設定した選択肢のポイントは、利用者番号と氏名の間に半角スペースを挟んでいることです。利用者番号と氏名の境界を判別するため、今回独自に設けた基準になります。後ほど入力したデータを書類作成などに活用する際、利用者番号だけを取り出すことに利用します。具体的な方法はChapter 6 の 2 の章末コラムで改めて解説します。

　また、利用者番号と氏名の境界を判別できれば、半角スペースでなくても構いません。さらには、利用者番号と氏名が分離さえできれば、境界を設けなくとも、どの方法でも構いません。

　なお、十分注意していただきたいのが、リストの選択肢を「利用者番号 氏名」に設定すると、氏名が Google フォームに表示されることになる点です。もし、「氏名など個人情報は Google フォームに表示しない」という方針（ポリシー）なら、それに反することになります。このように入力の利便性向上はポリシーを忘れずに考慮したうえで行いましょう。

5 音声入力にチャレンジしよう

本節では、Googleフォーム「利用記録」にデータを音声で入力する方法を解説します。

Androidタブレットで音声入力

　現場でのデータ入力にタブレットを用いる大きなメリットのひとつが、音声入力を利用できることです。タッチキーを操作する手間が不要になるので、より素早く簡単にデータを入力できるようになります。数値は整数のみならず小数も入力できます。ちょっとした日本語の文章も入力できます。

　さっそく、Googleフォーム「利用記録」で音声入力を体験してみましょう。データ項目のうち、入力手段がテキストボックスである「体温」「血圧（上）」「血圧（下）」（「テキスト」のアイテム）、および「特記＆メモ」（「段落テキスト」のアイテム）を入力するとします。ここでは、Chapter 1の3で紹介した図1-3-8のサンプルのワークシート「データ」の表における2件目（行番号5）のデータを入力するとします。具体的なデータは、本書ダウンロードファイルの「入力データ.xlsx」の行番号5を参照してください。

　まずはAndroidタブレットでの音声入力方法を解説します。iPadでの方法もこの後すぐに解説します。Windowsタブレットの音声認識は残念ながら本書執筆時点では、AndroidやiPad（iOS）よりも認識精度が一段劣るため、今回はコラムで簡単に紹介するのみとします。

❶「利用者番号」のドロップダウンから目的の利用者番号を選ぶ（ここでは「5」を選択）

❷「体温」のテキストボックスをタップ

❸タッチキー上のマイクのボタンをタップ

図2-5-1

図 2-5-2

図 2-5-3

図 2-5-4

> **音声入力をやり直すには：**
> もし意図したデータを入力できなければ、マイクボタンの右にあるをタップしてデータを削除してから、音声入力をやり直してください。

音声入力がしばらくされないと、音声入力が自動で一時停止状態に切り替わります。

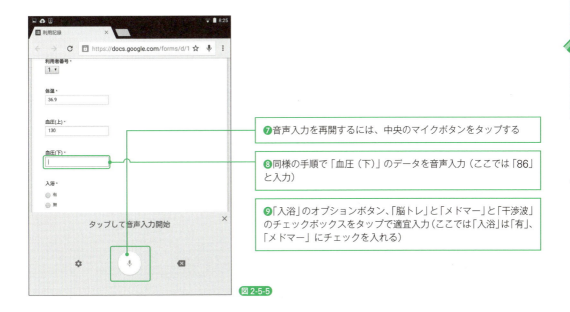

❼音声入力を再開するには、中央のマイクボタンをタップする

❽同様の手順で「血圧（下）」のデータを音声入力（ここでは「86」と入力）

❾「入浴」のオプションボタン、「脳トレ」と「メドマー」と「干渉波」のチェックボックスをタップで適宜入力（ここでは「入浴」は「有」、「メドマー」にチェックを入れる）

図 2-5-5

音声入力を手動で一時停止するには：
中央のマイクボタンをタップすれば、音声入力を手動で一時停止できます。

音声入力をやめるには：
マイクボタンの右上にある［×］をタップすれば、タッチキーに戻ります。

「特記＆メモ」に「喉の痛み。痰が絡む」という短文を入力します。ただし、Androidの音声入力は「。」などの句読点の入力が苦手です。ここでは「。」は音声入力せず、かわりに半角スペースを入れるとします。半角スペースは最初の音声入力した後、一呼吸おいてから次の語句を音声入力すると自動で挿入されます。「。」は後ほどパソコン上で編集して入れるとします。

図 2-5-6

❿「特記＆メモ」のテキストボックスをタップ

⓫タブレットのマイクに向かって「喉の痛み」と話す
「喉の痛み」が入力される

⓬一呼吸おいて「痰が絡む」と話す
スペースが自動挿入された後、「痰が絡む」が続けて入力される

⓭［送信］ボタンをタップ

 どうしても「。」を入れたい：
「喉の痛み」を音声入力した後、いったんタッチキーに切り替えて「。」を入力します。再び音声入力に切り替えて「痰が絡む」を入力します。

　これでデータを入力・送信できました。パソコンに戻って、保存先である Google スプレッドシート「利用記録（回答）」を開くと、データが入力できていることが確認できます。

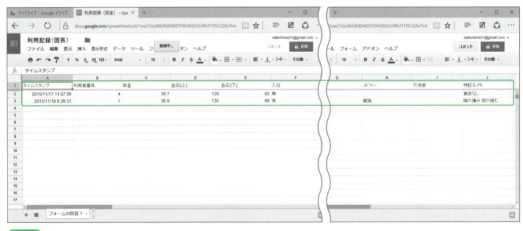

図 2-5-7

iPadで音声入力

iPad（iOS）による音声入力の方法を解説します。iPhoneも同じ方法で入力できます。なお、「Siri」がオフになっていると音声入力できないので注意してください。Siriのオンは「設定」アプリの［一般］→［Siri］から行えます。また、「設定」アプリの［一般］→［キーボード］の［音声入力］がオフになっていると、音声入力ができなくなる場合があるので注意してください。

ここでは、Chapter 1 の3で紹介した図 1-3-8 のサンプルのワークシート「データ」の表における3件目（行番号6）のデータを入力するとします。具体的なデータは、本書ダウンロードファイルの「入力データ.xlsx」の行番号6を参照してください。

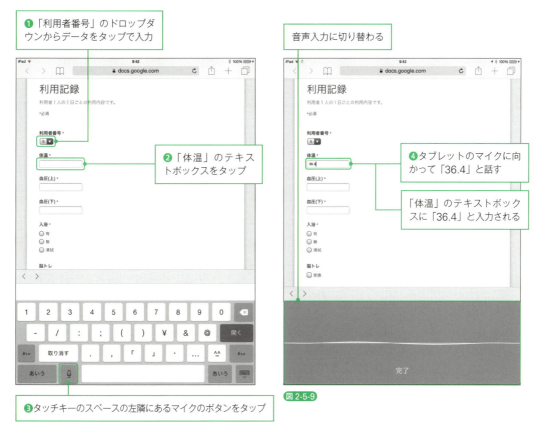

図 2-5-8

図 2-5-9

音声入力をやり直すには：
もし意図したデータを入力できなければ、［完了］をタップするか、テキストボックスをタップして一度タッチキーに戻ります。データを削除してから、音声入力をやり直してください。

iPadは次のテキストボックスに移動すると、タッチキーに戻ってしまうので、毎回音声入力に切り替えなければなりません。

❺「血圧（上）」のテキストボックスをタップ
❻タッチキーのスペースの左隣にあるマイクのボタンをタップ
❼タブレットのマイクに向かって「135」と話す
「血圧（上）」のテキストボックスに「135」と入力される

図 2-5-10

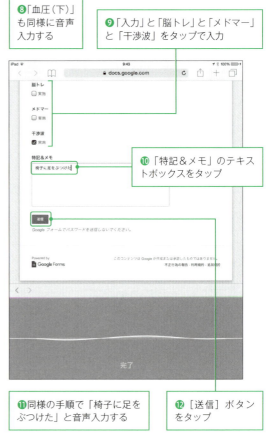

❽「血圧（下）」も同様に音声入力する
❾「入力」と「脳トレ」と「メドマー」と「干渉波」をタップで入力
❿「特記＆メモ」のテキストボックスをタップ
⓫同様の手順で「椅子に足をぶつけた」と音声入力する
⓬［送信］ボタンをタップ

図 2-5-11

句読点：
iPad（iOS）の音声入力では句読点を入力できます。「。」は「まる」、「、」は「てん」と話せば入力できます。

音声入力がしばらくされないと：
タッチキーに自動で切り替わります。

COLUMN

Windows タブレットで音声入力

Windows 10 タブレットで音声入力するには、[スタート] メニューの [すべてのアプリ] をクリックして開き、[Windows 簡単操作] → [Windows 音声認識] をタップし、音声認識を起動します。

はじめて音声認識を起動すると、セットアップのウィザードが表示されるので、画面の指示に従って設定してください。

Edge を立ち上げ、Google フォーム「利用記録」を開きます。画面上部に音声認識用のバーが表示されるので、マイクのボタンをタップします。同ボタンが青色に変わり、「聞き取ります」と表示されたら、入力したいデータを話してください。

図 2-5-12

図 2-5-13　　　　　　　　　図 2-5-14

COLUMN

音声入力はここにも注意

音声入力に切り替えるキーはタブレットの OS の種類やバージョン、機種、使用する Web ブラウザーなどによって、アイコンや表示位置などが異なる場合があります。また、機種によっては、音声通話対応の SIM カードが入っていないと音声入力できない場合もあります。

6 データをパソコンへダウンロードしよう

本節では、タブレットで入力したデータをパソコンにダウンロードし、Excel で開いて確認します。

Excel ブックとしてダウンロード

前々節ではタッチキー、前節では音声入力を用いて、タブレットの Google フォーム「利用記録」でデータを何件か入力しました。本節では、タブレットで入力したデータを Google ドライブからパソコンにダウンロードし、Excel で開いて確認してみます。

ダウンロードの手順は次の通りです。パソコンで操作してください。この時点では計 5 件のデータ（ダウンロードファイルに含まれる「入力データ.xlsx」の行番号 4～8 のデータ）を入力済みと仮定します。また、解説には用いる Web ブラウザーは引き続き Edge とします。

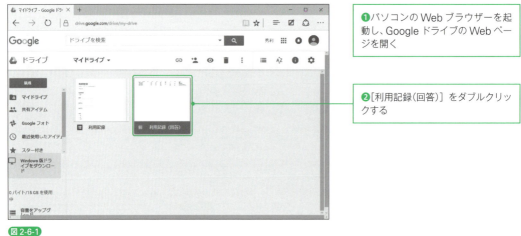

❶パソコンの Web ブラウザーを起動し、Google ドライブの Web ページを開く

❷[利用記録（回答）]をダブルクリックする

図 2-6-1

Google スプレッドシート「利用記録（回答）」が［利用記録（回答）］タブに開きます。

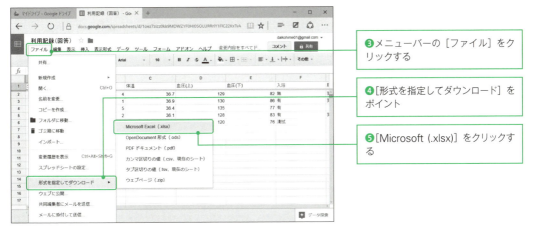

図 2-6-2

❸ メニューバーの［ファイル］をクリックする

❹ ［形式を指定してダウンロード］をポイント

❺ ［Microsoft (.xlsx)］をクリックする

> **Edge 以外の Web ブラウザーの場合：**
> Web ブラウザーの種類によっては❺の操作の後、ダウンロード先のフォルダーを指定する操作が必要になります。

データが Excel ブック「利用記録（回答）.xlsx」としてダウンロードされます。

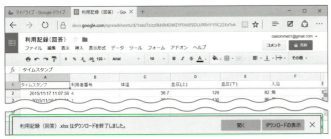

図 2-6-3

Excel で開いて確認しよう

　ダウンロードして Excel ブックを開いて、データを確認してみましょう。Edge の場合、ダウンロードしたファイルは「ダウンロード」フォルダーに保存されます。同フォルダーを開くと、Excel ブック「利用記録（回答）.xlsx」が保存されているので、ダブルクリックして開いてください。

図 2-6-4

Edge 以外の Web ブラウザーの場合：
他の Web ブラウザーの場合、指定したダウンロード先のフォルダーを開いてください。

Excel 以外の形式でもダウンロード可能：
CSV や PDF など、Excel 以外の形式のファイルとしてもダウンロード可能です。図 2-6-2 の❺で目的の形式をクリックしてください。

Excel ブック「利用記録（回答）.xlsx」が Excel で開き、タブレットにて Google フォーム「利用記録」で入力したデータを確認できます。

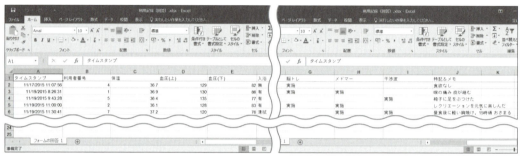

図 2-6-5

ワークシート名は「フォームの回答 1」となります。Google スプレッドシートの同じタブ名と同じになります。A 列「タイムスタンプ」は「月／日／年 時刻」の形式で表示されますが、中身はシリアル値なので、表示形式は後から変更できます。

なお、Google フォームでデータを送信後、確認画面の［回答を編集］から修正したデータは、Excel ブック上では「返信システムがこの値を更新しました」とコメントが自動で付けられます。マウスポインターを重ねると、コメントが表示されます。

図 2-6-6

また、Excel ブック「利用記録（回答）.xlsx」はダウンロード直後、開くと「保護ビュー」の警告が表示され、編集不可となっています。［編集を有効にする］をクリックすると、リボンが表示されて編集可能になります。

データ入力する② Google スプレッドシート

1　Google スプレッドシートの基本的な使い方　　　　090
2　書式を整えて入力しやすくしよう　　　　　　　　094
3　リストから入力可能にしよう　　　　　　　　　　099
4　タブレットでデータを入力しよう　　　　　　　　105

CHAPTER 3

1 Google スプレッドシートの基本的な使い方

本章では、Google スプレッドシートを使いタブレットでデータを入力します。まず本節では、データ入力のために最小限必要となる使い方を解説します。

Google スプレッドシートの準備

本章ではこれから、データをタブレットで入力するための機能を、入力方法 B の Google スプレッドシートで作成していきます。

Google スプレッドシートは前章でも登場しましたが、表計算ソフトを Web ブラウザー上で利用できる Google のサービスです。さらにタブレットやスマートフォンなら、Web ブラウザーに加えて、Google スプレッドシートのアプリでも利用できます。アプリは無料であり、Web ブラウザーと連携してデータを入力・編集できます。

Google スプレッドシートによってタブレットでデータを入力するには何はともあれ、入力先となるファイルを新規作成する必要があります。次に、新規ファイルの表の 1 行目に、「利用者番号」などの列名を入れておく必要もあります。ひとまずそこまで準備できれば、タブレットでデータを入力することができます。本書ではその上、データをより入力しやすくするため、行の高さなど書式を整えたり、リスト入力を可能にしたりするなど作り込みも多少行います。

ファイルの新規作成や作り込みなどはパソコンでもタブレットでも、Web ブラウザーでもアプリでも可能です。今回は作業のやりやすさなどを考慮し、すべてパソコンの Web ブラウザーで行うとします。タブレットでは Google スプレッドシートのアプリを使い、データ入力のみに特化するとします。パソコンで作成したファイルをタブレットで開いて使うことになります。

最初に準備として、Google アカウントが未取得なら、Chapter 2 の 1（P032）の手順で取得しておいてください。あわせて、タブレットに Google スプレッドシートのアプリをインストールします。Android タブレットなら大抵の機種では最初から入っているかと思いますが、もしそうでなければ、Google の Play Store からインストールしておいてください。iPad の場合は、App Store からインストールしておいてください。

App Store でインストールするには：
ホーム画面の［App Store］をタップして、App Store を開きます。検索のボックスに「Google」と入力して検索し、検索結果から Google スプレッドシートをタップしてます。［入手］をタップし、続けて［インストール］をタップすれば、インストールが始まります。

インストールできたらアプリを起動し、お持ちの Google アカウントでログインしておいて

ください。なお、本章に登場するタブレットの画面では、パソコンと同じ Google アカウントを用いています。

　Windows タブレットは執筆時点（2015 年 11 月）では、Google スプレッドシートの無料アプリは提供されていません（Google ドライブのクライアントの有料アプリのみ）。Edge などの Web ブラウザーで目的のファイルを開いてご利用ください。

ファイルを新規作成し、列名を入力しよう

　それではパソコンにて、Google スプレッドシートのファイルを新規作成し、列名を入力しましょう。ファイル名は今回、「利用記録 1」とします。列名は Chapter 1 の 3 のサンプル紹介で提示した 10 項目を A 列から入力するとします。

A列	日付
B列	利用者番号
C列	体温
D列	血圧(上)

E列	血圧(下)
F列	入浴
G列	脳トレ
H列	メドマー

I列	干渉波
J列	特記＆メモ

表 3-1-1

　A 列「日付」ですが、前章の Google フォームでは、データを送信した日付・時刻が保存先となる Google スプレッドシートの A 列「タイムスタンプ」に自動で記録されました。しかし、Google フォームを伴わない Google スプレッドシート単独の場合、日付のデータは自動で記録されないため、ユーザーが入力しなければなりません。そのための列も用意する必要があります。

❶パソコンの Web ブラウザーを起動する

❷ Google のトップページ (https://www.google.co.jp/) を開く

❸必要に応じて Google アカウントでログイン

❹[Google アプリ] をクリック

❺[ドライブ] をクリック

図 3-1-1

Google ドライブが開きます。

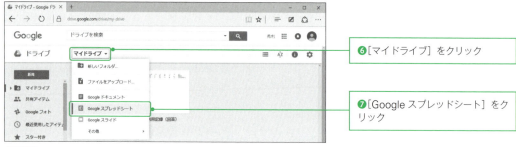

図 3-1-2

新規ファイル「無題のスプレッドシート」が作成され、同名の新しいタブで開きます。

図 3-1-3

タイトルとタブ名が「利用記録1」に変更されます。同時にファイル名も「利用記録1」に設定されます。

「マイドライブ」上のアイコン：
タイトルを変更した時点で、ファイルのアイコンが［マイドライブ］タブの一覧に表示されるようになります。

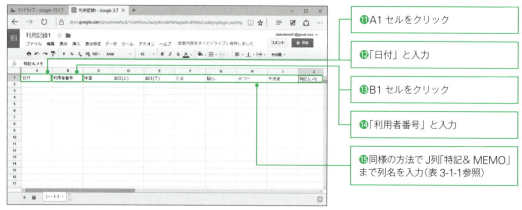

図 3-1-4

データの保存：
Googleスプレッドシートは自動で保存されます。保存のための操作は特に必要ありません。

隣のセルに移動する別の方法：
右隣の列のセルに移動するには、[→]キーを押しても可能です。

行数を増やしておこう

　Googleスプレッドシート「利用記録1」はこの時点でひとまず、データが入力可能になります（タブレットで開く方法はChapter 3の4で解説します）。

　ただ、Googleスプレッドシートの行数は、標準では最大1000行となっています。今後入力されうるデータが1000件以上に達する見込みなら、あらかじめ行を増やしておきましょう。行の追加は、最終行の下にある[追加]ボタンから行えます。今回は2000行を追加するとします。標準の1000行とあわせて計3000行に増やします。

❶下にスクロールするなどで最終行（1000行）に移動する
❷「一番下に」のボックスに「2000」と入力
❸[追加]をクリック

図 3-1-5

　2000行が追加され、最終行番号が3000になります。

最終行番号が3000になった

図 3-1-6

最終セルへショートカットキーで移動：
任意のセルを選択した状態で、[Ctrl]+[↓]を押すと、同じ列の最終行のセルに移動できます。

2 書式を整えて入力しやすくしよう

前節でベースを作成した Google スプレッドシート「利用記録 1」について、より入力しやすくするために書式の設定などを行います。

書式設定で入力を改善

Google スプレッドシート「利用記録 1」は前節終了の時点で、少なくとも目的のデータを入力できるようになりました。このまま業務に利用してもよいのですが、今の状態ではセルが小さすぎてタップに難儀するなど、データが少々入力しづらい点が散見されます。

そこで、より入力しやすくするため、書式設定によって改善しましょう。改善ポイントはいくつか考えられますが、今回は以下のみとします。

見出し行を固定	下方向にスクロールしても、どの列がどの項目なのかわかるよう、見出し行を固定します。
文字を大きくする	標準のフォントサイズである 10 ポイントは、タブレットでは小さくて見づらいと言えます。今回はフォントサイズを 14 ポイントに増やすとします。
セルの高さと幅を調節	タッチ操作しやすくなるよう、行の高さを大きくします。今回は 70 ポイントに広げるとします。列の幅はデータに応じて適宜調節するとします。「利用者番号」や「体温」など数値のデータが入る項目、および「入浴」や「脳トレ」など定型の短い語句のデータしか入らない項目は列幅を狭めるとします。短文が入るテキストボックスの「特記＆メモ」は幅を広げるとします。幅の数値は今回、厳密でなくても構わないとします。

表 3-2-1

Google スプレッドシートでは、これら書式設定のための操作は基本的に Excel とほぼ同じなので、Excel を使った経験があれば比較的すんなり操作できるでしょう。他にも改善の余地は多々残されていますので、読者の皆さんの業務や好みなどに応じて改善を進めるとよいでしょう。

見出し行を固定

Google スプレッドシートで行を固定するには、固定したい行を選択した状態で、メニューバーの［表示］→［固定］をクリックします。

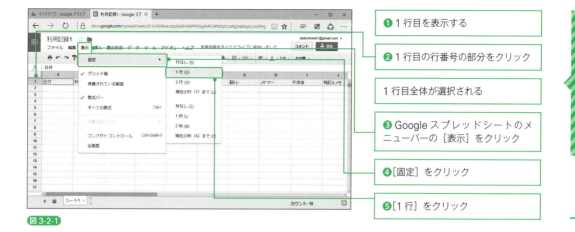

図 3-2-1

1行目が固定されました。固定されると、行番号の下の線が太く表示されます。

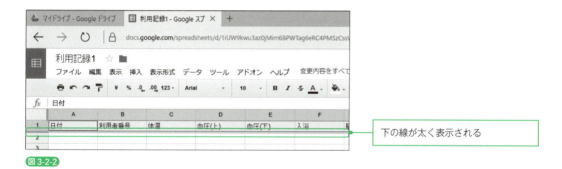

図 3-2-2

文字を大きくする

Google スプレッドシートのセルの文字の大きさの変更は、ツールバーの［フォントサイズ］から行います。

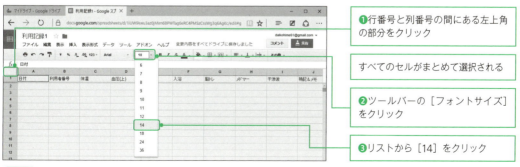

図 3-2-3

すべてのセルのフォントサイズが 14 ポイントに変更されました。現在空のセルもデータを入力すれば、14 ポイントのフォントで入力／表示されます。

図 3-2-4

 すべてのセルを選択するには：
行番号と列番号の間にある左上角の部分をクリックすると、シート上のすべてのセルをまとめて選択できます。

セルの高さを調節

Google スプレッドシートのセルの行の高さの変更は、行の境界をドラッグするか、設定用ダイアログボックスで高さの数値を指定するか、いずれかの方法で行えます。今回は後者の方法を用いるとします。

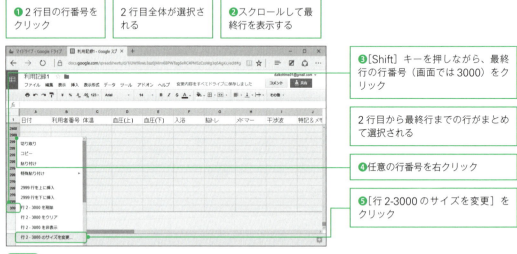

❶ 2 行目の行番号をクリック

2 行目全体が選択される

❷ スクロールして最終行を表示する

❸ [Shift] キーを押しながら、最終行の行番号（画面では 3000）をクリック

2 行目から最終行までの行がまとめて選択される

❹ 任意の行番号を右クリック

❺ [行 2-3000 のサイズを変更] をクリック

図 3-2-5

 複数の行をまとめて選択：
始点となる行を選択した後、[Shift] キーを押しながら終点となる行番号をクリックすると、その範囲の行をまとめて選択できます。

「行 2-3000 のサイズを変更」のダイアログボックスが表示されます。

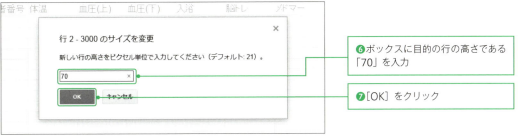

❻ボックスに目的の行の高さである「70」を入力

❼[OK]をクリック

図 3-2-6

すべての行の高さが 70 ポイントに設定されました。

図 3-2-7

セルの幅を調節

Google スプレッドシートのセルの列幅の変更は、列の境界をドラッグするか、設定用ダイアログボックスで幅の数値を指定するか、いずれかの方法で行えます。今回、「特記＆メモ」以外は後者の方法を用いるとします。さらに後者の方法については、入力済みのデータに応じて列幅を自動設定する機能を用いるとします。

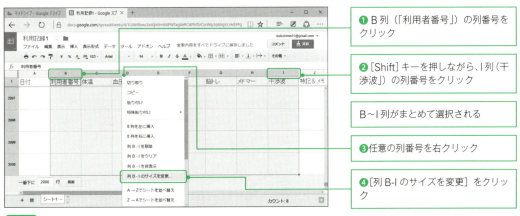

❶B 列（「利用者番号」）の列番号をクリック

❷[Shift]キーを押しながら、I列（干渉波）の列番号をクリック

B～I 列がまとめて選択される

❸任意の列番号を右クリック

❹[列 B-I のサイズを変更]をクリック

図 3-2-8

「列 B-I のサイズを変更」ダイアログボックスが表示されます。

図 3-2-9

B～I 列の列幅は 1 行目に入力されている列名に応じて自動設定されました。

図 3-2-10

「特記＆メモ」は比較的長めの文章を入力するので、別途列幅を設定します。

図 3-2-11

列幅の個別設定：

入力するデータが列名よりも文字数が多い場合も、自動調整ではなく別途列幅を設定する必要があります。その例が日付です。日付は「2015/10/9」などのデータを入力するため、必要な列幅を確保する必要があります。今回の A 列は標準の列幅で足りるため、特に変更はしませんでした。

3 リストから入力可能にしよう

本節では、Google スプレッドシート「利用記録1」の一部の列について、データをドロップダウンのリストから入力できるようにします。

Google スプレッドシートでリスト入力

　Google スプレッドシート「利用記録1」は現時点では、B列「利用者番号」などのセルは値を直接入力しなければなりません。より入力しやすくするため、リスト入力できるように設定しましょう。

　Google スプレッドシートでリスト入力を可能にするには、目的のセルを選択した状態で、Google スプレッドシートのメニューバーの［データ］→［検証］から「データの検証」ダイアログボックスを開き、選択肢を設定します。

　選択肢の設定方法は大きく分けて2通りあります。1つ目は直接指定する方法です。選択肢の数値や文言を「,」(カンマ) で区切って並べて指定します。2つ目は選択肢を1つにつき1つのセルで別途用意しておき、そのセル範囲を指定する方法です。今回は前者の直接指定する方法を用いるとします。

　今回、リスト入力を設定する項目 (列) は下記とします。

B列	利用者番号	G列	脳トレ	I列	干渉波
F列	入浴	H列	メドマー		

表 3-3-1

　Chapter 1 の3で紹介した通り、B列「利用者番号」は1～7の数値、F列「入浴」は「有」「無」「清拭」のいずれかを入力したいので、それらを選択肢とするリストから入力可能とします。

　G列「脳トレ」とH列「メドマー」とI列「干渉波」は本来、「実施」を入力するか、何も入力しないかの二択でデータを入力したい列です。Google スプレッドシートのリストでは、空のデータ (何も入力しない) の選択肢は設定できないため、かわりに「無」を入力するとします。Chapter 6で改めて解説しますが、何も入力しないかわりに「無」を入力しても、記録票や業務日誌は問題なく作成や集計が行えます。

　なお、選択肢を［実施］の1つだけ設定し、実施されなければデータは入力せず、セルを空白のままにしておくという方法もあります。ただし、もし誤って空白のままにすべきセルに［実

施]を入力してしまったら、リスト操作では空白の状態に戻せません。その場合、セル上でデータを削除するなどの対処が別途必要となります。

「利用者番号」のリスト入力を設定

B列「利用者番号」のリスト入力を設定します。選択肢は数値の1から7の7つになります。設定の際、1から7の数値をカンマで区切って並べることになります。数値およびカンマは必ず半角で入力してください。また、リストの選択肢以外のデータを入力不可とするため、[入力を拒否]も設定するとします（P104のコラムも参照）。

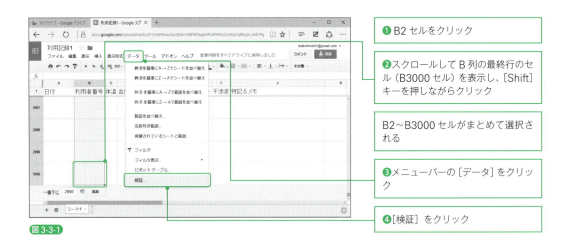

図 3-3-1

「データの検証」ダイアログボックスが表示されます。

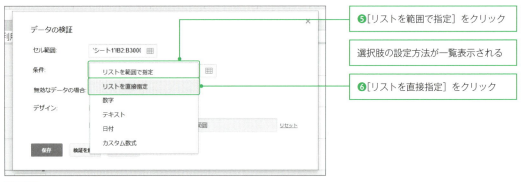

図 3-3-2

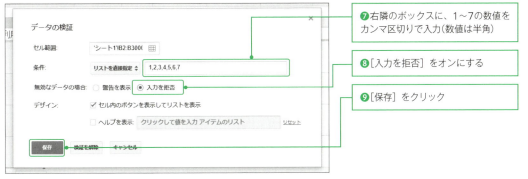

図 3-3-3

　これでB2～B3000セルは、1～7の数値をリストから選んで入力可能となりました。

　B2～B3000のいずれか1つのセルをダブルクリックすると、選択肢が1～7であるリストが表示されます。

図 3-3-4

「入浴」のリスト入力を設定

　同様の手順でF列「入浴」のリスト入力も設定します。選択肢は「有」「無」「清拭」の3つなので、カンマ区切りでボックスに入力します。先ほどと同様の手順でF2～F3000セルを選択して「データの検証」ダイアログボックスを表示し、設定します。

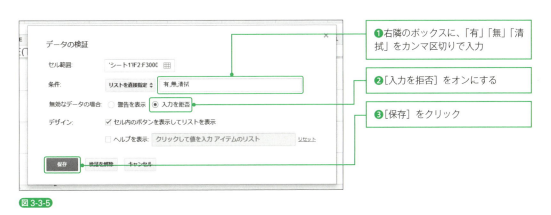

図 3-3-5

これでF2〜F3000セルは、「有」「無」「清拭」のいずれかをリストから選んで入力可能となりました。F2〜F3000のいずれか1つのセルをダブルクリックすると、選択肢が「有」「無」「清拭」のリストが表示されます。

図3-3-6

「脳トレ」と「メドマー」と「干渉波」のリスト入力を設定

G列「脳トレ」、H列「メドマー」、I列「干渉波」もリスト入力を設定します。選択肢はいずれも「実施」か「無」の2つです。3列まとめて設定します。

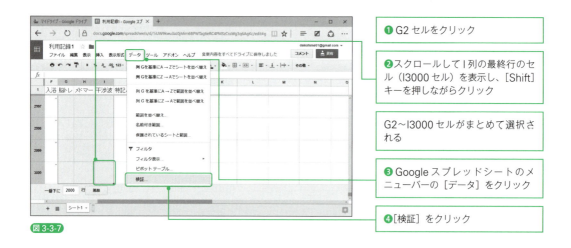

❶ G2セルをクリック

❷ スクロールしてI列の最終行のセル（I3000セル）を表示し、[Shift] キーを押しながらクリック

G2〜I3000セルがまとめて選択される

❸ Googleスプレッドシートのメニューバーの［データ］をクリック

❹ ［検証］をクリック

図3-3-7

「データの検証」ダイアログボックスが表示されます。

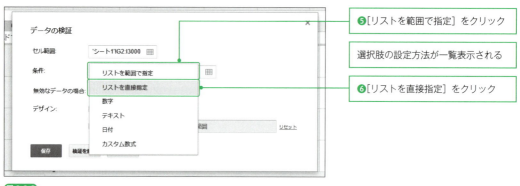

❺ ［リストを範囲で指定］をクリック

選択肢の設定方法が一覧表示される

❻ ［リストを直接指定］をクリック

図3-3-8

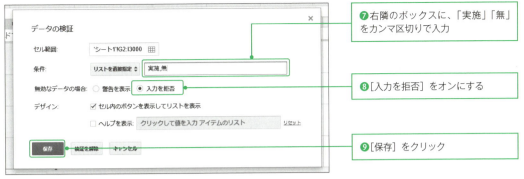

❼右隣のボックスに、「実施」「無」をカンマ区切りで入力

❽［入力を拒否］をオンにする

❾［保存］をクリック

図 3-3-9

　これで G2～I3000 セルは、「実施」「無」のいずれかをリストから選んで入力可能となりました。

　G2～I3000 のいずれか 1 つのセルをダブルクリックすると、選択肢が「実施」「無」のリストが表示されます。

図 3-3-10

COLUMN

リストの選択肢をセル範囲で指定するには

　リストの選択肢は直接指定する以外に、セル範囲で設定することも可能です。まずは選択肢を 1 つにつき 1 つのセルの形式で別途用意しておきます。データ入力先の表とは別のシートを追加し、そこに選択肢を用意しておくとよいでしょう。そして、データ入力先のセルの「データの検証」ダイアログボックス（図 3-3-2 の画面）にて、

図 3-3-10

「条件」を［リストを範囲で指定］に設定します。続けて、右隣のボックスに選択肢のセル範囲を指定します。たとえば「シート 2」の A1～A7 セルに選択肢を用意したなら、「' シート 2'!A1:A7」と指定します。シート名を「'」で囲み、かつ、セル範囲の間に「!」が入ります。

　この方法のメリットは選択肢の内容や数を変更したい場合、わざわざ「データの検証」を開かなくても、選択肢のセル範囲の内容や数を変更すれば済むことです。

COLUMN

さまざまなデータ入力制限が設定できる

「データの検証」ダイアログボックスではリスト入力以外にも、さまざまな設定ができます。メインはデータの入力制限です。たとえば、入力可能なデータを1〜100の数値に制限するには、条件を［数字］、条件を［次の間にある］に設定し、範囲の下限のボックスに「0」、上限のボックスに「100」を指定します。

図 3-3-11

他にも、指定した範囲の日付やメールアドレス形式のテキストのみに制限するなど、さまざまなルールを設けられます。ルール以外にも、ルールに反するデータが入力された場合は警告を表示するのか、入力を拒否するのかなど、さまざまな設定ができます。主にデータの誤入力を防ぐために有効な機能でしょう。

CHAPTER 3

4 タブレットでデータを入力しよう

本節では、前節までに作成した Google スプレッドシート「利用記録 1」をタブレットで開き、データを入力します。

Google スプレッドシートをタブレットで開く

Google スプレッドシート「利用記録 1」は、前節でパソコン上での作り込み作業は終了しました。さっそくタブレットで開き、データを入力してみましょう。

Android タブレットでも iPad でも、パソコンと同じ Google アカウントで使っているなら、Google スプレッドシートのアプリを起動し、必要に応じてログインすると、ここまでに作成した「利用記録 1」がファイルの一覧に表示されるので、タップすれば開くことができます。

パソコンと別の Google アカウントを用いているなら、共有機能を使うのが最も手軽です。Google スプレッドシートの共有機能とは、ファイルを作成した本人以外のユーザーでも、データの閲覧や編集などを行える仕組みです。

以下、P107 までの手順は、パソコンと別の Google アカウントを用いている場合のものです。パソコンと同じ Google アカウントを用いているなら、P108「タブレットでデータを入力」に進んでください。

パソコンでの操作

図 3-4-1

❶[共有] ボタンをクリック

「他のユーザーと共有」ダイアログボックスが表示されます。

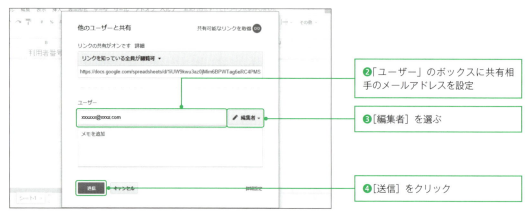

図 3-4-2

　編集の招待メールが送信されます。送信直後はメニューバー付近に「1人のユーザーと共有しています」と表示されます。

> ❸の操作について：
> 通常は［編集者］が最初から選ばれているため操作は不要です。

> リンクの共有：
> 「リンクを知っている全員が閲覧可」のリンクをメールなどで知らせることでも共有できます。ただし、標準では閲覧のみに設定されており、データを入力できません。［閲覧可］の部分をクリックし、編集可に設定することで、データ入力が可能となります。

タブレットでの操作

　メールアプリを起動し、招待メールを受信しましょう。招待メールの件名は「利用記録1 - 編集へのご招待」となっています。

図 3-4-3

Google スプレッドシートのアプリが起動し、「利用記録 1」が開きます。

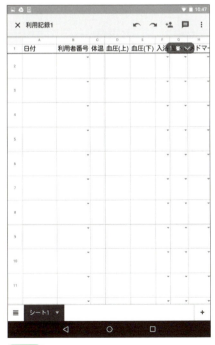

図 3-4-4

Windows タブレットの場合:
Web ブラウザーで開くよう選択してください。

iPad の Google スプレッドシートのアプリで開く

❶ Google スプレッドシートのアプリを起動する

❷ 必要に応じて Google アカウントでログイン

Google スプレッドシートのファイルが一覧表示される

❸ ［利用記録 1］をタップ

図 3-4-5

「利用記録 1」が開き、入力可能な状態になります。

タブレットでデータを入力

　Google スプレッドシート「利用記録 1」をタブレットで開いたら、タッチキーや音声入力でデータを入力しましょう。もし、文字などが小さくて見づらければ、ピンチアウトして適宜拡大するとよいでしょう。また、データは自動で保存されます。誤ったデータを入力しても、その場ですぐに修正できます。

　日付は年月日の数値とスラッシュをすべてタッチキーで入力するのは少々面倒です。現在の日付を入力するショートカットキー［Ctrl］＋［:］はタブレットでは使えません。その場合、音声入力を利用するとよいでしょう。たとえば「2015 年 10 月 1 日」と話せば、「2015/10/1」といったシリアル値として入力してくれます。

　ここでは、Chapter 1 の 3 で紹介した図 1-3-8 のサンプルのワークシート「データ」の表における 1～5 件目（行番号 4～8）のデータを入力するとします。具体的なデータは、本書ダウンロードファイルの「入力データ .xlsx」の行番号 4～8 を参照してください。

❶ A 列「日付」のセル（画面では A2 セル）をダブルタップ

画面の下半分に数式バーとタッチキーが表示される
数式バー内でカーソルが点滅し、データを入力できる状態になる

❷ 日付を入力する

❸ B 列「利用者番号」のセル（画面では B2 セル）をタップ

数式バーの上にリストが表示される

図 3-4-6

［Enter］キーは下に移動：
［Enter］をタップして入力を確定すると、下のセルに移動します。

Androidで数値を入力：
Androidで日付の数値を入力する際、タッチキー右上の丸ボタン［123］をタップすれば、テンキー型のモードに切り替えられ、数値をより効率よく入力できます。

日付の表示形式：
月や日が一桁の場合、セルに入力すると冒頭に0が自動で付けられて表示されます。

❹目的の選択肢をタップ

図 3-4-7

iPadではリストは表示されない：
iOS版Googleスプレッドシートのアプリでは、残念ながらリストは表示されません。目的の選択肢のデータを直接入力してください。

タップした選択肢のデータがセルに入力されます。

❺音声入力も適宜交えつつ、C列以降も同様に入力する

図 3-4-8

リストはタッチキーが表示されていない場合、セルをダブルタップすると、画面の下側に表示されます。選択肢は縦に並んで表示されます。

タッチキーの再表示：
リストで入力した後などにタッチキーが非表示になったら、セルをダブルタップすれば再び表示されます。

画面に表示されていない列は横方向に適宜スワイプし表示してから入力

同様に2件目以降のデータも入力

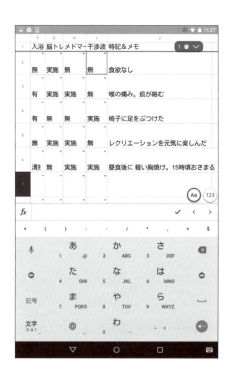

図 3-4-9

画面は5件目まで入力した状態です。

コピー＆貼り付けも使える：
日付など同じデータを入力する際は、コピー＆貼り付け機能を利用すると効率的です。セルを長押しすると、［コピー］や［貼り付け］などのポップアップメニューが表示されます。

COLUMN

選択肢以外のデータを入力すると

リストを設定したセルには、リストから選ぶだけでなく、データを直接入力することも可能です。もし、リストの選択肢以外のデータを入力しようとすると、前節のリスト設定の際に［入力を拒否］をオンしているため、エラーメッセージが表示されます。

図 3-4-10

パソコンにダウンロードしよう

タブレットでデータを入力し終えたら、パソコン上の Web ブラウザーで Google スプレッドシート「利用記録 1」を表示すると、入力したデータを確認できます。

図 3-4-11

続けて、パソコンの適当なフォルダーに Excel ブックとしてダウンロードし（方法は Chapter 2 の 6 と同様）、Excel で開いてデータを確認しましょう。フォントサイズや列幅など、Google スプレッドシート上で設定した各種書式が踏襲されています。

Googleスプレッドシート上で設定した書式が踏襲されている

図 3-4-12 ダウンロードした「利用記録1.xlsx」をExcelで開いた

なお、ダウンロード直後は画面のように、数式バーの上に「保護ビュー」の警告が表示され、編集不可となっています。[編集を有効にする]をクリックすると、リボンが表示されて編集可能になります。

COLUMN

複数ユーザーで利用

　Googleスプレッドシートを利用してタブレットでデータを入力する際、複数ユーザーがそれぞれタブレットを使って入力したい場合はどうすればよいでしょうか？

　確かに共有機能を使えば、ひとつのファイルを複数ユーザーで同時に入力できます。しかし、その場合は、誰がどの行・列のセルを入力するのかなどを制御することが難しく、別のユーザーが入力したセルのデータを誤って上書きしたり削除したりしてしまう危険が高いと言えます。誰がどの行・列のセルを入力するのかなど、相当厳密に運用しなければ、データの整合性が取れなかったり現場の作業が混乱したりするなど、いろいろ不都合が生じるでしょう。

　ベターなやり方は、Googleスプレッドシートのファイルをユーザー1人ずつ用意し、それぞれ個別にデータを入力するという方法です。入力後は各ファイルのデータを、データ活用のためのExcelブックに集約します。この方法では、Googleスプレッドシートのファイル名は重複しない形式で命名する必要があります。本章でファイル名の最後に連番を付けたのは、この方法での利用を踏まえていたためです。この方法については、Chapter 6の1（P175）のコラムもあわせてご覧ください。同コラムでは、データの集約について簡単に解説しています。

データ入力する③ Android ／ iOS 版 Excel アプリ

1	Android ／ iOS 版 Excel アプリの基本的な使い方	114
2	書式を整えて入力しやすくしよう	119
3	リストから入力可能にしよう	120
4	タブレットでデータを入力しよう	125

CHAPTER 4

CHAPTER 4

1 Android／iOS版 Excelアプリの基本的な使い方

本章では、Android／iOS版Excelアプリを利用してタブレットからデータを入力する方法を解説します。まず本節では、同アプリの基本的な使い方を解説します。

Android／iOS版Excelアプリの準備

　本章ではこれから、データをタブレットで入力するための機能を、入力方法CのAndroid／iOS版Excelアプリで作成していきます。

　Android／iOS版Excelアプリによってタブレットでデータを入力するには、まずは入力先となるブック（Excelのファイル）を新規作成する必要があります。次に、表の1行目に「利用者番号」などの列名を入れておく必要もあります。ひとまずそこまで準備できれば、タブレットでデータを入力することができます。加えて、データをより入力しやすくするため、行の高さなど書式を整えたり、リスト入力を可能にしたりするなど作り込みも行います。

　ブックの新規作成や作り込みなどはタブレットのみならず、パソコンでも可能です。今回は作業のやりやすさなどを考慮し、パソコンで行うとします。OneDrive（Chapter 1の2参照）を利用してパソコンとタブレットを連携させることで、パソコンで作成したブックをタブレットのAndroid／iOS版Excelアプリで開いてデータを入力します。

　Android／iOS版Excelアプリ、およびOneDriveを利用するには、「Microsoftアカウント」が必要です。Windows 10やWindows 8／8.1のユーザーなら、通常はパソコン初回利用時などですでに取得しているはずです。もし、Windows 7ユーザーなどの理由でMicrosoftアカウントを未取得ならば、本節末コラムを参考に取得しておいてください。本書では原則、パソコンでのOneDriveでもタブレットのAndroid／iOS版Excelアプリでも、同じMicrosoftアカウントを利用するとします。

　続けて、Android／iOS版Excelアプリを入手します。Androidタブレットなら Play Store からExcelアプリを検索した後、インストールしておいてください。iPadの場合は、App Store からインストールしておいてください。

Android要件：
Androidはバージョン4.4以上のみ対応になります。バージョン4.4より古い機種で、バージョンアップ不可の製品では利用できません。

App Store でインストールするには：
iPadのホーム画面の［App Store］をタップして、App Storeを開きます。検索のボックスに「excel」と入力して検索し、検索結果からExcelをタップしています。［入手］をタップし、続けて［インストール］をタップすれば、インストールが始まります。

インストールできたらアプリを起動し、画面の指示に従って、Microsoftアカウントでサインインします。

Microsoftアカウントでサインインする

図 4-1-1 Android版Excelアプリの初期画面

Microsoft アカウントをあとで作成：
Microsoftアカウントはアプリ起動後のサインイン画面の［新規登録］からも新規作成できます。そのため、Excelアプリをインストールしてから、Microsoftアカウントを新規作成しても構いません。

ブックを新規作成し、列名を入力しよう

それではパソコンにて、Android／iOS版Excelアプリ用のブックを新規作成し、列名を入力しましょう。タブレットからいったんパソコンに切り替えてください。ブック名は今回、「利用記録1」とします。OneDriveに「利用記録」フォルダーを作成し、その中に保存するとします。列名はChapter 1の3のサンプル紹介で提示した10項目（表4-1-1）をA列から順に入

力するとします。A列「日付」はGoogleスプレッドシートと同じく、自動入力されないため、ユーザーが入力する必要があります。

表4-1-1

A列	日付
B列	利用者番号
C列	体温
D列	血圧(上)

E列	血圧(下)
F列	入浴
G列	脳トレ
H列	メドマー

I列	干渉波
J列	特記&メモ

図4-1-2

❶パソコンのExcelを起動する

❷[ファイル]タブの[新規]をクリックするなどして、新規ブックを作成

❸[空白のブック]をクリック

新規ブックが作成されます。

図4-1-3

❹A1セルをクリック

❺「日付」と入力

❻B1セルをクリック

❼「利用者番号」と入力

❽同様の方法でJ列「特記&MEMO」まで列名を入力(表4-1-1参照)

この時点でいったん保存する

❾クイックアクセスツールバーの[上書き保存]をクリック

「名前を付けて保存」画面が開きます(Excel 2010では開きません)。

図 4-1-4

「名前を付けて保存」ダイアログボックスが開きます。

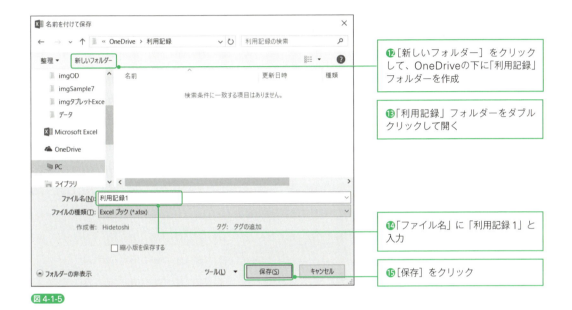

図 4-1-5

ブック「利用記録 1.xlsx」として保存されます。

COLUMN

Windows 7 で OneDrive のフォルダーを扱うには

　Windows 7 の場合、下記 URL から OneDrive のアプリケーションをダウンロードしてインストールし、Microsoft アカウントでサインインすれば、エクスプローラーやダイアログボックスなどで、OneDrive 上のフォルダーを扱えるようになります。
　https://onedrive.live.com/about/ja-jp/download/

COLUMN

Microsoft アカウントを取得するには

Microsoft アカウントは、下記 URL の OneDrive の Web ページから新規に取得できます。
https://onedrive.live.com/about/ja-jp/

❶ パソコンで Web ブラウザーを起動し、OneDrive の Web ページを開く

❷ ［新規登録］をクリック

❸ ［Microsoft アカウントを作成する］をクリック

図 4-1-6

アカウントとなるメールアドレスとパスワードを登録します。

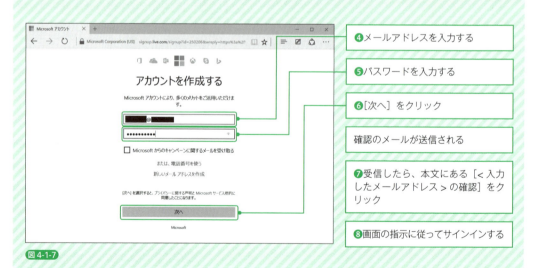

❹ メールアドレスを入力する

❺ パスワードを入力する

❻ ［次へ］をクリック

確認のメールが送信される

❼ 受信したら、本文にある［＜入力したメールアドレス＞の確認］をクリック

❽ 画面の指示に従ってサインインする

図 4-1-7

Microsoft アカウントが作成され、OneDrive の自分の Web ページが開きます。
　なお、❹の手順では、アカウントに手持ちのメールアドレスを使う以外にも、［新しいメールアドレスを作成］から「〜@outlook.jp」などのメールアドレスを新規取得して使うこともできます。

2 書式を整えて入力しやすくしよう

前節にて、パソコンでベースを作成したAndroid／iOS版Excelアプリ用のブック「利用記録1.xlsx」について、より入力しやすくするために書式／設定などを行います。

書式設定で入力を改善

　ブック「利用記録1.xlsx」は前節終了の時点で、少なくとも目的のデータをタブレットのAndroid／iOS版Excelアプリで入力できるようになりました。このまま業務に利用してもよいのですが、今の状態ではセルが小さすぎてタップに難儀するなど、データが少々入力しづらい点が散見されます。そこで、より入力しやすくするため、書式設定によって改善しましょう。今回は以下のみとします。

見出し行を固定	下方向にスクロールしても、どの列がどの項目なのかわかるよう、見出し行を固定します。
文字を大きくする	標準の文字サイズである11ポイントは、タブレットでは小さくて見づらいと言えます。今回はフォントサイズを14ポイントに増やすとします。
セルの高さと幅を調節	タッチ操作しやすくなるよう、行の高さを大きくします。今回は70ポイントに広げるとします。列の幅はデータに応じて適宜調節するとします。「利用者番号」や「体温」など数値のデータが入る項目、および「入浴」や「脳トレ」など定型の短い語句のデータしか入らない項目は列幅を狭めるとします。短文が入るテキストボックスの「特記＆メモ」は幅を広げるとします。幅の数値は今回、厳密でなくても構わないとします。

表4-2-1

　他にも改善の余地は多々残されていますので、読者の皆さんの業務や好みなどに応じて改善を進めるとよいでしょう。
　それではExcelの各種機能を使って、表4-2-1の通りに書式を設定してください。見出し行（1行目）を固定するには、その行を選択した状態で、［表示］タブの［ウィンドウ枠の固定］の［先頭行の固定］をクリックしてください。

3 リストから入力可能にしよう

本節では、Android／iOS 版 Excel アプリ用のブック「利用記録 1」の一部の列について、データをリストから入力できるようにします。

Android／iOS 版 Excel アプリでリスト入力

　ブック「利用記録 1」は現時点では、A 列「利用者番号」などのセルは値を直接入力しなければなりません。より入力しやすくするため、リスト入力できるように設定しましょう。

　Excel のセルでリスト入力を可能にするには、「データの入力規則」機能を利用します。目的のセルを選択した状態で、[データ] タブの「データツール」にある [データの入力規則] をクリックして「データの入力規則」ダイアログボックスを開き、選択肢を設定します。

　選択肢の設定方法は大きく分けて 2 通りあります。1 つ目は直接指定する方法です。選択肢の数値や文言を「,」(カンマ)で区切って並べて指定します。2 つ目は選択肢を 1 つにつき 1 つのセルで別途用意しておき、そのセル範囲を指定する方法です。今回は前者の直接指定する方法を用いるとします。後者の方法は本節末コラムで簡単に紹介します。

　今回、リスト入力を設定する項目は下記とします。

B列	利用者番号	G列	脳トレ	I列	干渉波
F列	入浴	H列	メドマー		

表 4-3-1

　Chapter 1 の 3 で紹介した通り、B 列「利用者番号」は 1～7 の数値、F 列「入浴」は「有」「無」「清拭」のいずれかを入力したいので、それらを選択肢とするリストから入力可能とします。

　G 列「脳トレ」と H 列「メドマー」と I 列「干渉波」は本来、「実施」を入力するか、何も入力しないかの二択でデータを入力したいのでした。Excel のリストでは、空のデータ（何も入力しない）の選択肢は設定できないため、かわりに「無」を入力するとします。Chapter 6 で改めて解説しますが、何も入力しないかわりに「無」を入力しても、記録票や業務日誌は問題なく作成や集計が行えます。

「利用者番号」のリスト入力を設定

　B 列「利用者番号」のリスト入力を設定します。選択肢は数値の 1 から 7 の 7 つになります。設定の際、1 から 7 の数値をカンマで区切って並べることになります。数値およびカンマは必ず

半角で入力してください。

　リストは見出し行を除くすべてのセルに設定するとします。最終行のセルを選択する際、通常のスクロール操作では時間がかかるため、[Ctrl]＋[↓]のショートカットキーを利用します。

❶ B2 セルをクリック

❷[Ctrl]＋[↓]キーを押す

B 列の最終行のセル（B1048576 セル）にジャンプして、選択した状態になる

図 4-3-1

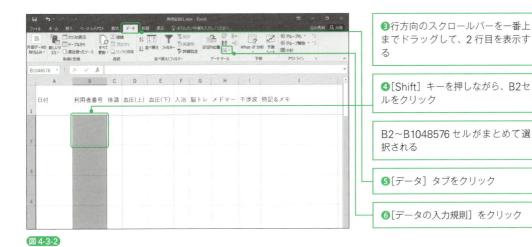

❸行方向のスクロールバーを一番上までドラッグして、2 行目を表示する

❹[Shift]キーを押しながら、B2 セルをクリック

B2〜B1048576 セルがまとめて選択される

❺[データ]タブをクリック

❻[データの入力規則]をクリック

図 4-3-2

　「データの入力規則」ダイアログボックスが表示されます。

図 4-3-3

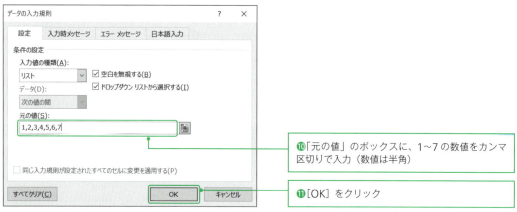

図 4-3-4

これで B2〜B1048576 セルは、1〜7 の数値をリストから選んで入力可能となりました。セルをクリックすると右下に［▼］が表示され、クリックするとリストが表示されます。

「入浴」のリスト入力を設定

同様に F 列「入浴」のリスト入力も設定します。選択肢は「あり」「無」「清拭」の 3 つになります。
F2〜F1048576 セルを選択し、「利用者番号」と同様の手順で「データの入力規則」ダイアログボックスを表示させます。

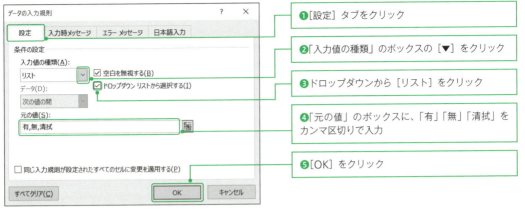

図 4-3-5

これで F2～F1048576 セルは、「あり」「無」「清拭」をリストから選んで入力可能となりました。セルをクリックすると右下に［▼］が表示され、クリックするとリストが表示されます。

「脳トレ」と「メドマー」と「干渉波」のリスト入力を設定

G 列「脳トレ」、H 列「メドマー」、I 列「干渉波」もリスト入力を設定します。選択肢はいずれも「実施」か「無」の 2 つです。3 列まとめて設定します。

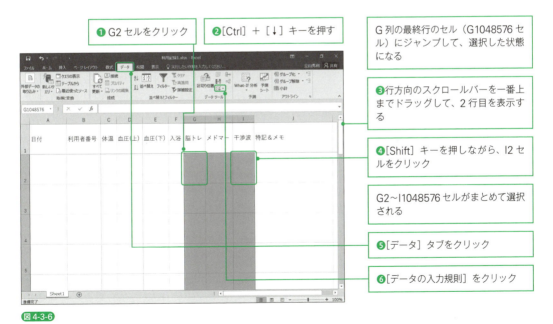

図 4-3-6

「データの入力規則」ダイアログボックスが表示されます。

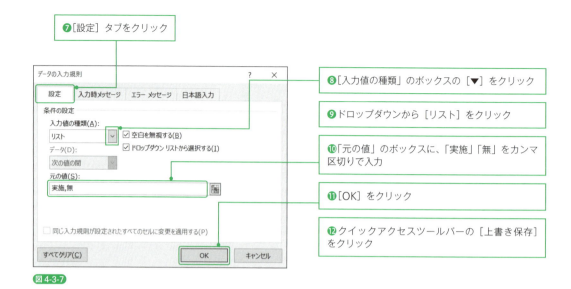

図 4-3-7

これで G2～I1048576 セルは、「実施」「無」をリストから選んで入力可能となりました。セルをクリックすると右下に［▼］が表示され、クリックするとリストが表示されます。

さまざまなデータ入力制限が設定できる

「データの入力規則」ダイアログボックスではリスト入力以外にも、さまざまな設定ができます。メインはデータの入力制限であり、「入力値の種類」のドロップダウンからさまざまな方式を選べます。たとえば、入力可能なデータを指定した範囲の数値に制限したり、日付の形式のみに制限したりするなど、主にデータの誤入力を防ぐために有効な機能です。それらの詳しい解説は本書では割愛させていただきますが、余裕があれば試してみるとよいでしょう。

COLUMN

選択肢をセル範囲で設定

　リストの選択肢はセル範囲で設定することも可能です。まずは選択肢を1つにつき1つのセルの形式で別途用意しておきます。そして、データ入力先のセルの「データの入力規則」ダイアログボックスの［設定］タブ（図 4-3-4 や図 4-3-5 の画面）にて、「元の値」に選択肢のセル範囲を指定します。たとえばワークシート「Sheet2」の A1～A7 セルに選択肢を用意したなら、「=Sheet2!$A$1:$A$7」と指定します。ワークシート名とセル範囲の間には「:」（コロン）を記述します。この方法のメリットは選択肢内容や数を変更したい場合、わざわざ「データの入力規則」ダイアログボックスを開かなくても、選択肢のセル範囲の内容や数を変更すれば済むことです。

CHAPTER 4

4 タブレットでデータを入力しよう

本節では、前節までにパソコン上で作成したブック「利用記録1」をタブレットのAndroid/iOS版Excelアプリで開き、データを入力します。

ブック「利用記録1」をタブレットで開く

　ブック「利用記録1」は前節で、パソコン上のExcelでの作り込み作業は終了しました。さっそくタブレットのAndroid/iOS版Excelアプリで開き、データを入力してみましょう。
　Android/iOS版ExcelアプリはAndroidタブレットでもiPadでも、パソコンのOneDriveと同じMicrosoftアカウントでサインインすれば、そのOneDrive上のブックを開いて使うことができます。
　では、ブック「利用記録1」をタブレットのAndroid/iOS版Excelアプリで開く手順を解説します。解説の画面はAndroid版ですが、iOS版も操作は同じです。
　また、以下の操作を行う前に、必ずパソコンのブック「利用記録1」を閉じておいてください。閉じておかない場合に起こる弊害は本節末コラムを参照してください。

❶タブレットにて、Excelアプリを起動する

❷Android版なら[他のブックを開く]をタップ。iOS版なら[開く]をタップ

図 4-4-1 Android版Excelアプリの画面

> 「最近使ったもの」について：
> サインインしたMicrosoftのOneDriveで、過去にExcelのブックをパソコンやタブレットなどで使ったことがあれば、図4-4-1の画面のようにそれらのブックの一覧が表示されます。今回のブック「利用記録1」も、一度使えばこの一覧に表示されるので、以降はこの画面から開くこともできます。

❸［OneDrive - 個人用］をタップ

OneDriveにあるフォルダーやファイルが一覧表示される

「利用記録」フォルダーが開き、中にあるファイルが一覧表示される

❹［利用記録］をタップ

❺［利用記録1.xlsx］をタップ

図4-4-2

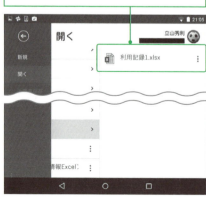

図4-4-3

「利用記録1.xlsx」が開きます。

図4-4-4

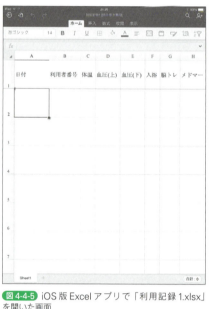

図4-4-5 iOS版Excelアプリで「利用記録1.xlsx」を開いた画面

開く際にダウンロード：
ブックを開く際は基本的に、OneDriveからブックがダウンロードされます。

タブレットでデータを入力

ブック「利用記録1」をタブレットのExcelアプリで開いたら、タッチキーや音声入力でデータを入力しましょう。もし、文字などが小さくて見づらければ、ピンチアウトして適宜拡大するとよいでしょう。誤ったデータを入力しても、その場ですぐに修正できます。

日付は年月日の数値とスラッシュをタッチキーで入力するのは面倒なので、音声入力の利用が便利です。「2015年10月1日」と話せば「2015／10／1」とシリアル値で入力してくれます。

ここでは、Chapter 1の3で紹介した図1-3-8のサンプルのワークシート「データ」の表における1～5件目（行番号4～8）のデータを入力するとします。具体的なデータは、本書ダウンロードファイルの「入力データ.xlsx」の行番号4～8を参照してください。

図4-4-6

図4-4-7

 iPadのリスト：
iOS版Excelのアプリでは、リストは吹き出し風の形状になります。

タップした選択肢のデータがセルに入力されます。

図 4-4-8

❻音声入力も適宜交えつつ、C列以降も同様に入力する

> **タッチキーの再表示：**
> リストで入力した後などにタッチキーが非表示になったら、セルをダブルタップすれば再び表示されます。

> **コピー&貼り付けも使える：**
> 日付など同じデータを入力する際は、コピー&貼り付け機能を利用すると効率的です。セルを長押しすると、［コピー］や［貼り付け］などのポップアップメニューが表示されます。

図 4-4-9

❼画面に表示されていない列は横方向に適宜スワイプし表示してから入力

❽同様に2件目以降のデータも入力

❾［上書き保存］をタップ（iOS版では不要）

❿［ファイル］タブをタップ

⓫［閉じる］をタップしてブックを閉じる

画面は5件目まで入力した状態です。

> **iOS 版で閉じるには:**
> クイックアクセスツールバーの［←］をタップしてください。

　Android 版アプリでは、入力したデータの保存はユーザーが毎回、［上書き保存］をタップして行わなければなりません。iOS 版では、自動保存が標準で有効になっているので、保存の操作は不要です。また、保存の度に OneDrive へのアップロードが行われます。また、タブレットがネットワークに接続しないオフラインの状態でデータを入力すると原則、ネットワークに接続した時点でアップロードが行われます。

　パソコンで OneDrive 上の「利用記録 1.xlsx」を開くと、タブレットで入力したデータが保存されていることを確認できます。

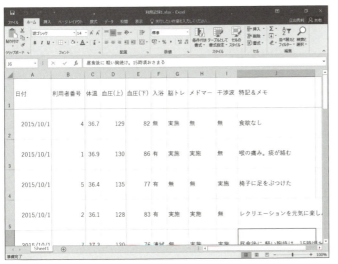

タブレット上で入力したデータが保存されている

図 4-4-10　パソコンで「利用記録 1.xlsx」を開いてデータを確認

COLUMN

パソコンのブック「利用記録 1」を事前に閉じておかないと……

　パソコンのブック「利用記録 1」が開いたままだと、Android 版では上書き保存を実行した際、次ページ左画面のような「アップロードできません〜」というメッセージが表示され、入力したデータを保存できません。iOS 版 Excel アプリではブックを開いた際、列番号の上に次ページ右画面のような「サーバーブック〜」というメッセージが表示され、データが入力できなくなります。そのため、タブレットでデータを入力する前に、パソコンのブックは必ず閉じておいてください。

図 4-4-11　　　　　　　　　　図 4-4-12

COLUMN

Microsoft アカウントが異なる場合

　パソコンの OneDrive とタブレットの Android／iOS 版 Excel アプリで、異なる Microsoft アカウントを使っている場合は、通常パソコンで作成したブックを Android／iOS 版 Excel アプリで適切に開くことはできません。Web ブラウザー上で Excel を編集できるサービス「Excel Online」を利用するなど、他の手段を替わりに用いたり組み合わせたりする必要があります。

COLUMN

複数ユーザーで利用

　Android／iOS 版 Excel アプリを利用してタブレットでデータを入力する際、複数ユーザーがそれぞれタブレットを使って入力したい場合、ひとつのブックを複数ユーザーで同時に入力しようとすると、データの入力場所や上書き保存のタイミングなどで、何かと無理が生じます。
　そのため、ブックをユーザー1人ずつ用意し、それぞれ個別にデータを入力するようにしましょう。入力後は各ブックのデータを、データ活用のための Excel ブックに集約します。この方法では、ブック名は重複しない形式で命名する必要があります。本章でファイル名の最後に連番を付けたのは、この方法での利用を踏まえていたためです。この方法については、Chapter 6 の 1（P175）のコラムもあわせてご覧ください。同コラムでは、データの集約について簡単に解説しています。

データ入力する④ Windows 版 Excel フォーム

1 Windows 版 Excel フォームの完成形紹介と作成の準備　132
2 データ入力用のワークシートを作成　137
3 ［OK］ボタンの処理をプログラミングしよう　151
4 タブレットに移植してデータを入力しよう　157
5 プログラムのカスタマイズとポイント　161

CHAPTER 5

CHAPTER 5

1 Windows版Excelフォームの完成形紹介と作成の準備

本節では、Windows版Excelフォームを作成する準備として、目標とする完成形を紹介します。あわせて、作成の準備も行います。

データ入力する④Windows版Excelフォーム

本章で作成するWindows版Excelフォーム

　本章ではこれから、データをタブレットで入力するための機能を、入力方法DのWindows版Excelフォームで作成していきます。厳密には、データ入力用フォームを備えたExcelブックを作成することになります。ここで最初に、完成形を提示します。そして、入力するデータを挙げるとともに、どのデータでどの入力手段を用いるか決めます。

　本章で作成したいWindows版Excelフォームの完成形の画面は下図とします。Windows 10タブレットのExcel 2016で開いた画面になります。他のバージョンのWindowsやExcelでも、細かい見た目は少々異なる箇所もありますが、ほぼ同じ画面となります。

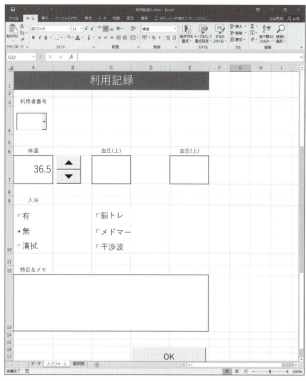

!注意
Windows 10タブレットおよびWindows Phone 10向けの無料のストアアプリ「Excel Mobile」は、2016年2月時点ではマクロおよびActiveXコントロールに非対応のため、本章のサンプルは動作しません。パソコンと同じWindows版Excelをタブレットにインストールしてご使用願います。

図5-1-1

この画面のExcelフォームはワークシート「入力フォーム」上に設けるとします。入力手段は基本的に、セルをテキストボックスとして、数値や文字を直接入力します。さらにはセル以外にも、ワークシート上に設けたドロップダウンのリストやボタンも使います。今回、入力したいデータの項目と入力手段は下記とします。データの種類も改めて併記しておきます。

	入力手段	データの種類
利用者番号	リストから選択。	数値（整数）
体温	スピンボタンでA7セルの数値を上下させて入力。36.5を基準に0.1ずつ上下するとします。	数値（小数）
血圧（上）	C7セルに数値を直接入力。	数値（整数）
血圧（下）	E7セルに数値を直接入力。	数値（整数）
入浴	ラジオボタンから選択。選択肢は［有］、［無］、［清拭］の3種類。	文字列
脳トレ	チェックボックスのオン／オフ。	あり／なしの2択
メドマー	チェックボックスのオン／オフ。	あり／なしの2択
干渉波	チェックボックスのオン／オフ。	あり／なしの2択
特記＆メモ	A13セルに文字を直接入力。E13セルまで横方向に結合し、かつ、セル内で文字を折り返すよう設定しています。	文字列

表5-1-1

セル内で文字を折り返す設定

　セル内で文字を折り返す設定をするには、目的のセルを選択した状態で、［Ctrl］+［1］キーを押すなどして、「セルの書式設定」ダイアログボックスを開きます。［配置］タブにある［折り返して全体を表示する］ にチェックを入れて、［OK］をクリックします。

　数値や文字をセルに直接入力する「血圧（上）」と「血圧（下）」と「特記＆メモ」は、セルがテキストボックスの役割を果たすことになります。
　また、「利用者番号」のリストの選択肢は今回、ワークシート「選択肢」のA2～A8にあらかじめ用意するとします。各セルに1から7の数値が格納してあります。

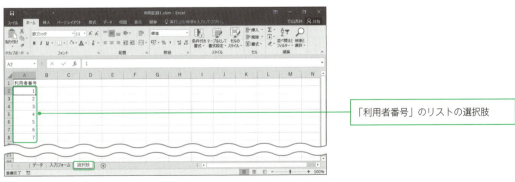

「利用者番号」のリストの選択肢

図5-1-2

ワークシート「入力フォーム」の各項目のデータを入力した後、下部にある［OK］ボタンをクリックします。実行する処理は下記の４つとします。

> ❶ フォームに入力したデータをワークシート「データ」の表に転記して格納
> ❷ ワークシート「データ」の表のA列に現在の日付を自動で入力
> ❸ ワークシート「入力フォーム」の「血圧（上）」のC7セルと「血圧（下）」のE7セル、「特記＆メモ」のA13セルの値をクリアし、空の状態に戻す
> ❹ ブック「利用記録1.xlsm」を上書き保存

図 5-1-3

今回は日付の入力を自動化するとして、❷の処理を設けています。❸の処理は次のデータを入力しやすくすることが目的です。セルに前回のデータが残っていると、いちいち削除する作業が必要になってしまうので、その手間を省くために空の状態に戻します。

保存先となるワークシート「データ」の表の構成は、1行目を見出しとします。2行目からはじまり、行方向に追加されていくかたちでデータを転記・格納するとします。列の構成は基本的に、フォームの項目の並びと同じとします。ただし、表の最初のA列は「日付」とします。よって、B列が「利用者番号」となり、最後の項目である「特記＆メモ」がJ列となります。

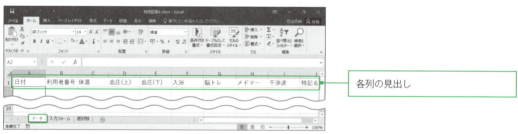

図 5-1-4

本章で作成するWindows版Excelフォームの主な構成や機能は以上です。その他の細かい設定は次の通りです。本作例の行／列やフォント、ボタン類のサイズは、今回用いた8型画面（解像度800×1200）のタブレットにあわせています。他の画面サイズや解像度のタブレットを用いる場合は適宜調節してください。

列幅	A～E列それぞれ16ポイント程度に設定。
行の高さ	データが入力・表示しやすい高さに適宜設定しています。たとえば、「血圧（上）」のC7セルと「血圧（下）」のE7セルなら、70ポイント程度に設定しています。
フォントサイズ	「体温」のA7セルと「血圧（上）」のC7セルと「血圧（下）」のE7セルは24ポイントに設定。「特記＆メモ」のA13セルは14ポイントに設定。その他の項目名、ラジオボタンやチェックボックスのフォントサイズも適宜設定。

表 5-1-2 ワークシート「入力フォーム」

| 見出し行 | 1行目を固定表示しています。 |

表5-1-3 ワークシート「データ」

「データの入力規則」機能について
Excelの「データの入力規則」機能によって、日本語入力のオフなどをセルに設定しても、タブレットとの相性などによって、意図通り動作しないケースがあります。

[開発] タブを表示しておこう

次節からWindows版Excelフォームの作成作業に入ります。パソコンのExcelで作成し、そのブックをタブレットにコピーして使います。

先ほど紹介したワークシートをゼロから作成するのは大変なので、ベースとなるブック「利用記録1.xlsm」を本書ダウンロードファイル（入手方法はP006参照）に用意しておきました。ドロップダウンのリストとスピンボタン、ラジオボタン、チェックボックス、[OK] ボタン以外は作成済みのブックとなります。

では、「利用記録1.xlsm」を任意のフォルダーに置いて、開いてください。なお、ブックを開いた際、リボンの下にメッセージが表示されたら、[編集を有効にする] と [コンテンツの有効化] を続けてクリックし、編集とマクロを有効化してください。

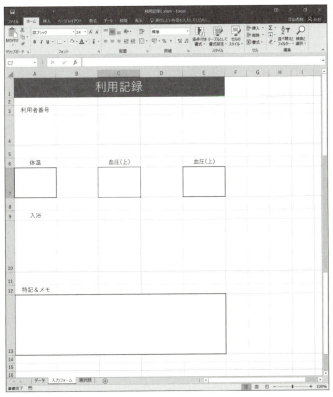

図5-1-5 「利用記録1.xlsm」の画面

ブックが開いたら、作成の準備としてExcelの［開発］タブを表示しておきましょう。

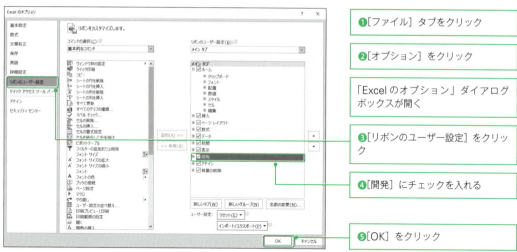

❶［ファイル］タブをクリック

❷［オプション］をクリック

「Excelのオプション」ダイアログボックスが開く

❸［リボンのユーザー設定］をクリック

❹［開発］にチェックを入れる

❺［OK］をクリック

図 5-1-6

［開発］タブが表示されました。タブをクリックして切り替えると、これらの機能のボタン類が表示されます。

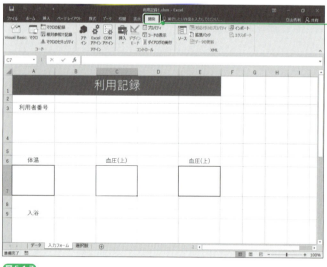

［開発］タブが表示された

図 5-1-7

CHAPTER 5

2 データ入力用のワークシートを作成

本節では、ブック「利用記録1.xlsm」に、ドロップダウンのリストやラジオボタンなどを設置します。必要な設定もあわせて行います。

「ActiveX コントロール」の基本的な使い方

　これからダウンロードファイルのブック「利用記録1.xlsm」のワークシート「入力フォーム」の作成を始めます。まず本節では、ドロップダウンのリストなどを設置します。

　ワークシート上に設置してデータ入力などに使うドロップダウンのリストなどを、総称して「ActiveX コントロール」と呼びます。ドロップダウンのリスト以外にも、チェックボックスをはじめ、さまざまな種類が用意されています。なお、ドロップダウンのリストは「コンボボックス」、ラジオボタンは「オプションボタン」という名称になります。

　ActiveX コントロールの設置の大きな流れは、最初に［開発］タブの［挿入］から、目的のActiveX コントロールを選択し、ワークシート上の目的の場所へ目的のサイズでドラッグして挿入します。位置やサイズは挿入後でも、ドラッグ操作などで何度も変更できます。

　次に、「プロパティ」ウィンドウを開き、その ActiveX コントロールのさまざまな設定を行います。たとえばコンボボックスなら、ドロップダウンのリストの選択肢を設定します。「プロパティ」ウィンドウには、複数の設定項目が表形式で並んでいます。設定項目の種類や数、設定方法は ActiveX コントロールの種類によってそれぞれ異なります。

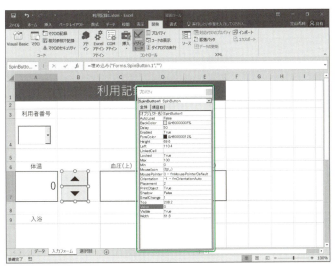

図 5-2-1 ActiveX コントロール編集中の画面の例

ActiveXコントロールの挿入・設定中は、「デザインモード」というActiveXコントロールの編集を行えるモードに自動で切り替わります。編集中（デザインモードの最中）は、ボタンのクリックなど、ActiveXコントロールは操作できません。ActiveXコントロールの編集後にデザインモードを解除すれば、再び操作できる状態に切り替わります。デザインモードを解除するには、[開発] タブの [デザインモード] をクリックして、ハイライトされていない状態にします。再びActiveXコントロールを編集したければ、[デザインモード] をクリックしてハイライトさせ、デザインモードに戻してください。

デザインモードでの挙動
デザインモードの最中は、ワークシート上のActiveXコントロールをクリックすると、編集用のハンドルが周囲に表示されます。デザインモードの最中でなければ、たとえばコンボボックスならドロップダウンのリストが表示されるなどの操作ができます。

「利用者番号」のドロップダウンのリストを設置しよう

それでは、実際に「利用者番号」のドロップダウンのリストをActiveXコントロール「コンボボックス」で作成してみましょう。リストの選択肢はあらかじめワークシート「選択肢」のA2～A8セルに用意しておいた1～7の数値を用います。あわせて、リスト上に選択肢を表示する際のフォントサイズを24ポイントに設定するとします。

また、コンボボックスは標準では、リストから選ぶとともに、値を直接入力することも可能となっています。しかし、今回はリストから選ぶ入力だけを許可して、直接入力できないように設定するとします。

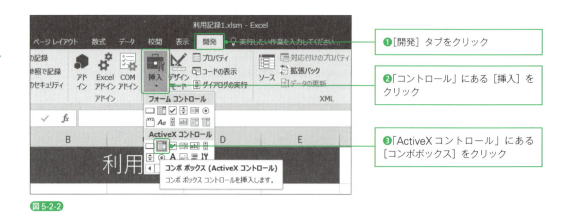

図 5-2-2

ActiveXコントロールの名称
「ActiveXコントロール」のアイコンにマウスポインターを重ねると、名称がアイコン上にツールチップで表示されます。

> **「フォームコントロール」に注意**
> 誤って「フォームコントロール」の［コンボボックス］をクリックしないよう注意してください。

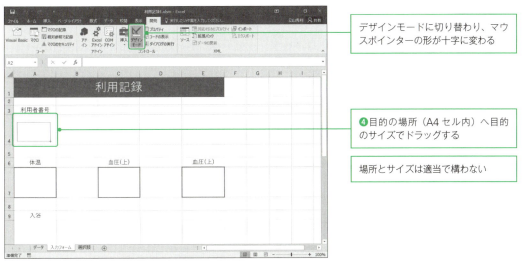

図 5-2-3

図 5-2-4

　「プロパティ」ウィンドウが開きます。ActiveX コントロールの設定を行うための表形式のダイアログボックスになります。2列で構成されており、1列目が設定項目名であるプロパティ名、2列目が設定値になります。コンボボックスのドロップダウンのリストの選択肢は、ListFillRange プロパティに選択肢が格納されているセル範囲を指定します。また、フォント関係の設定は Font プロパティで行います。

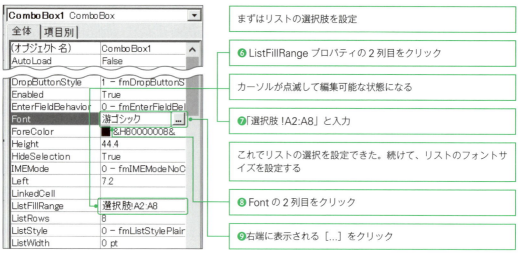

図 5-2-5

「プロパティ」ウィンドウ：
ActiveX コントロールの設定は「プロパティ」ウィンドウで行います。項目が見やすく、設定がしやすくなるよう、ウィンドウの端をドラッグして幅を適宜広げてください。
また、選択する ActiveX コントロールごとにウィンドウの内容が切り替わるので、いちいちウィンドウを閉じなくてもそれぞれの ActiveX コントロールの設定を行うことができます。閉じてしまった場合は、ActiveX コントロールを選択し、［コントロール］にある［プロパティ］をクリックすると、再び表示されます（図 5-2-4 参照）。

ワークシートをまたぐセル参照：
別のワークシート上のセル範囲を指定するには、セル番地の前に「ワークシート名！」の形式でワークシートを指定します。

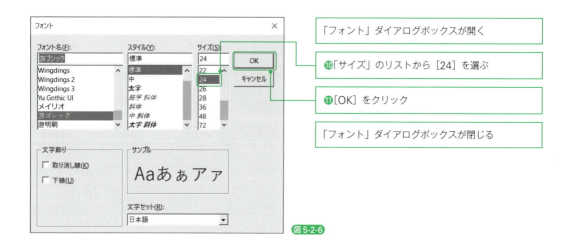

図 5-2-6

> **フォントのその他の設定**
> 「フォント」ダイアログボックスでは他にもフォント名やスタイルなどを設定できます。

　最後に、リストから選ぶ入力だけを許可するよう設定します。その設定はStyleプロパティで行います。同プロパティを［2 - fmStyleDropDownList］に設定します。

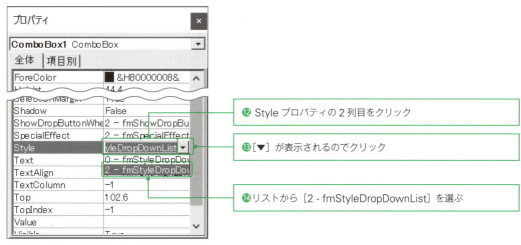

図 5-2-7

「体温」のスピンボタンを設置しよう

　A7セルの「体温」は前節で紹介したように、36.5度を基準にスピンボタンで0.1度ずつ数値を上下させて入力します。

　ActiveXコントロールのスピンボタンは小数で上下できないため少々工夫します。スピンボタンでは、36.5の10倍となる365を基準に1ずつ上下させるよう設けます。その数値はB6セルに入力するとします。そして、A7セルにはB6セルを10で割った値を入力するよう式を設定します。これでA7セルに、36.5度を基準にスピンボタンで0.1度ずつ数値を上下させて入力可能となります。あとはB6セルの数値を見えないよう書式を設定します。

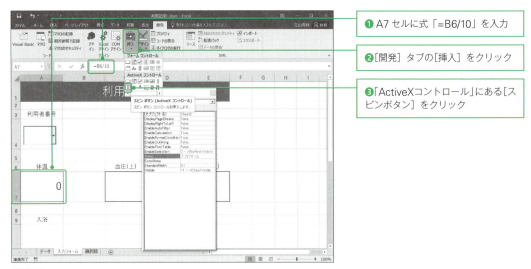

図 5-2-8

A7 セルの表示

式を入力すると、A7 セルには 0 が表示されます。このあと B6 セルにスピンボタンの値を入力するよう紐づけると、目的の体温が表示されるようになります。

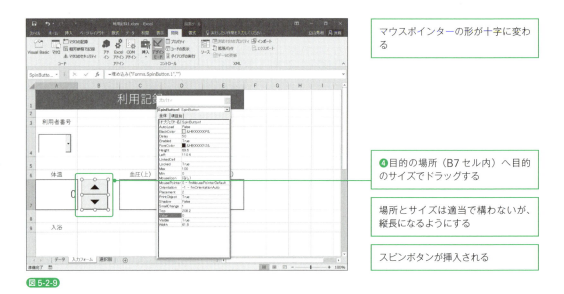

図 5-2-9

「プロパティ」ウィンドウの設定項目がスピンボタンに切り替わります。設定の表の上部に表示される「SpinButton1」によって、スピンボタンであると確認できます。

> スピンボタンを横長のかたちで配置すると、横向きのボタンになってしまいます。その場合、周囲のハンドルをドラッグするなどして、縦長に修正してください。

> 「プロパティ」ウィンドウの切り替え
> 「プロパティ」ウィンドウで設定する ActiveX コントロールを切り替えるには、設定の表の上部のドロップダウンから目的の ActiveX コントロールを選ぶか、ワークシート上で目的の ActiveX コントロールをクリックして選択してください。

次に「プロパティ」ウィンドウにて、基準となる値を 365 に設定します。値は Value プロパティで設定します。その際、スピンボタンの値には上限値と下限値があり、標準では上限値が 100、下限値が 0 となっているため、値を 365 に設定するには、上限値を増やす必要があります。上限値は Max プロパティで設定します。今回は 450 に設定するとします。あわせて、下限値の Min プロパティも 200 に設定するとします。

さらに今回はスピンボタンの値を B6 セルに入力するよう紐づけたいのでした。そのためには、LinkedCell プロパティに目的のセル番地である B6 を指定します。

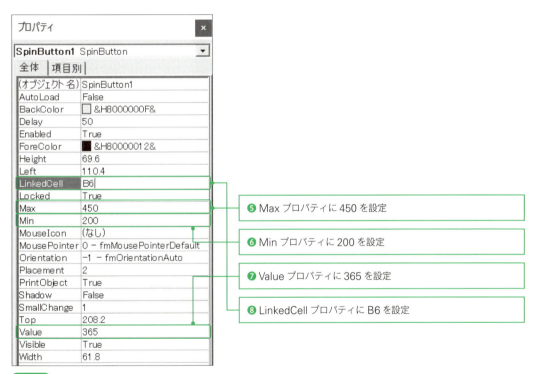

❺ Max プロパティに 450 を設定
❻ Min プロパティに 200 を設定
❼ Value プロパティに 365 を設定
❽ LinkedCell プロパティに B6 を設定

図 5-2-10

変化値も変更できる

スピンボタンを1回クリックするたびに変化する値は標準では1となっています。この変化値はSmallChangeプロパティで変更できます。たとえば、上下に5ずつ変化させたければ5を設定します。

> もし「Valueプロパティを設定できません～」というエラーメッセージが表示されたら、[OK]をクリックして閉じた後、一度デザインモードを解除した後、再びデザインモードに戻って編集作業を続けてください。

B6セルとA6セルの表示

LinkedCellプロパティを設定すると、B6セルに365と表示されます。A6セルには36.5と表示されます。

最後にB6セルの数値を見えないよう書式を設定します。方法は何通りかありますが、今回はフォントの色をセル背景と同じ白色に設定するとします。

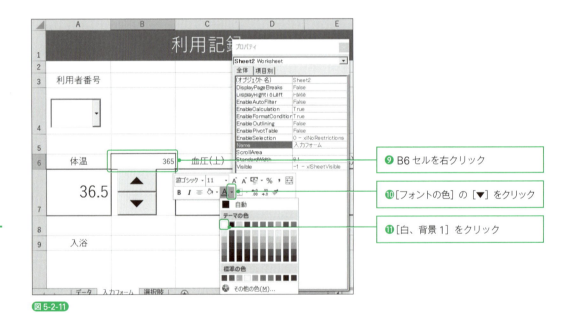

図 5-2-11

これでB6セルの数値が見えなくなりました。値はB6セルを選択すれば、数式バーで確認できます。なお、背景色の設定は[ホーム]タブの[フォントの色]など、他の手段でも構いません。

「入浴」のラジオボタンを設置しよう

「入浴」のラジオボタン（オプションボタン）は「有」と「無」と「清拭」の3つです。したがって、オプションボタンを3つ挿入します。オプションボタンの後ろに表示される文言はCaptionプ

ロパティで設定します。また、文言のフォントサイズを 20 ポイントに設定するとします。

　オプションボタンは標準ではそれぞれが独立しており、同時にオンにできてしまいます。今回は 3 つのオプションボタンで 1 つのみオンにしたいのでした。そのようにするには、「グループ」の名前を同じに設定します。同じグループ名のオプションボタンは、いずれか 1 つしかオンにできなくなります。グループ名は GroupName プロパティで設定します。

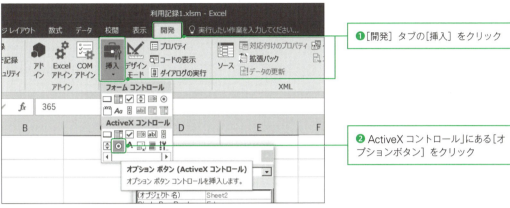

図 5-2-12

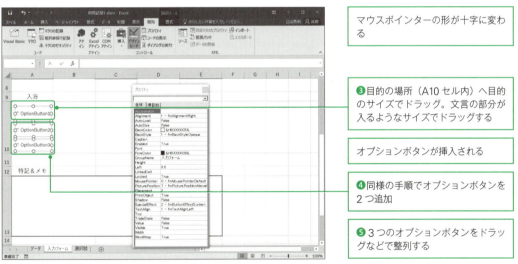

図 5-2-13

ActiveX コントロールを効率よく整列

オプションボタンをクリックして選択すると表示される［描画ツール］［書式］タブの［オブジェクトの配置］をクリックすると、［左揃え］や［上下に整列］など、整列のための各種機能が利用できます。

3つのオプションボタンを順に、文言とフォントサイズとグループ名をそれぞれ「プロパティ」ウィンドウで設定していきます。グループ名は今回、「Bath」とします。

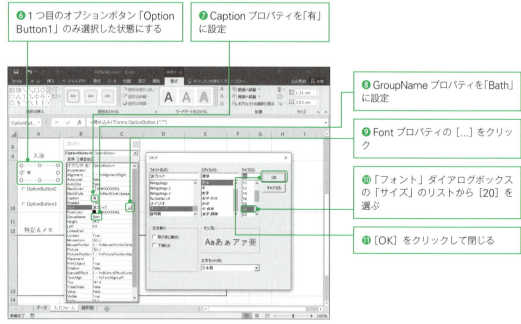

図 5-2-14

オプションボタンの文言

Caption プロパティを設定すると、ワークシート上のオプションボタンの文言に反映されます。

「プロパティ」ウィンドウの位置

「プロパティ」ウィンドウは作業しやすい位置に適宜ドラッグして移動してください。

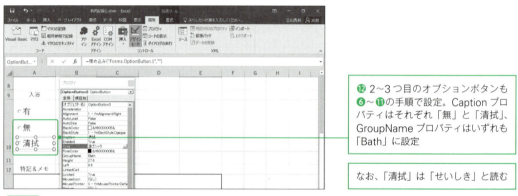

図 5-2-15

「脳トレ」などのチェックボックスを設置しよう

　「脳トレ」と「メドマー」と「干渉波」の3つのチェックボックスを設置します。チェックボックスの後ろに表示される文言は Caption プロパティで設定します。また、文言のフォントサイズを20ポイントに設定するとします。

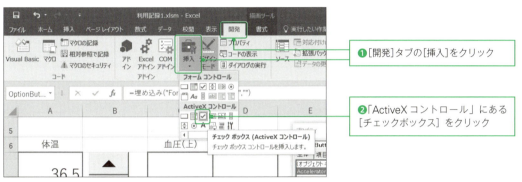

図 5-2-16

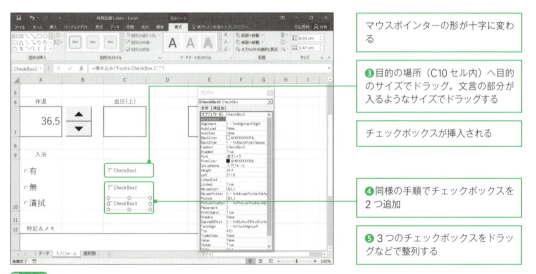

図 5-2-17

　3つのチェックボックスを順に、文言とフォントサイズをそれぞれ「プロパティ」ウィンドウで設定していきます。

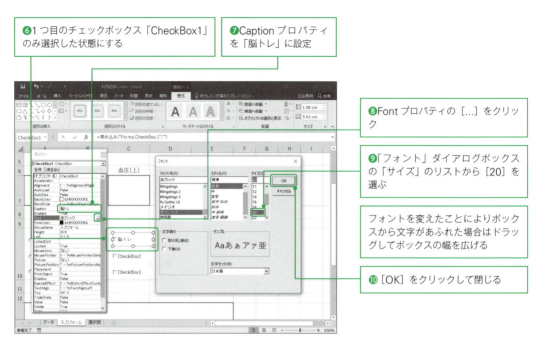

図 5-2-18

チェックボックスの文言

Caption プロパティを設定すると、ワークシート上のチェックボックスの文言に反映されます。

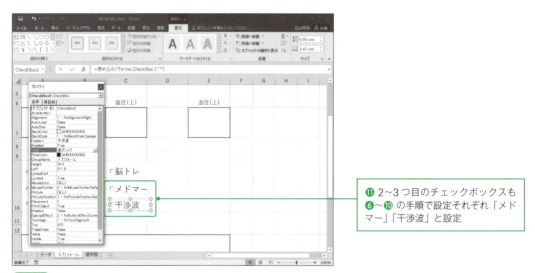

図 5-2-19

［OK］ボタンを設置しよう

　最後に［OK］ボタンを設置します。ActiveX コントロールの種類は「コマンドボタン」になります。コマンドボタンの上に表示される文言は Caption プロパティで設定します。今回、場所・サイズは D16～E18 セルの範囲程度（任意で構いません）、文言のフォントサイズを 20 ポイントに設定するとします。

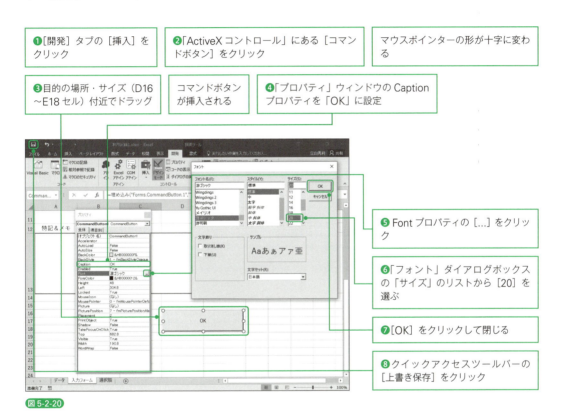

図 5-2-20

フォームを確認してみよう

　これでワークシート「入力フォーム上」に、データを入力したい各項目に必要な ActiveX コントロールをすべて設置できました。デザインモードを解除すれば、データが入力できます。ここで一度確認してみましょう。［開発］タブの［デザインモード］をクリックし、ハイライトしていない状態にして、デザインモードを解除してください。あわせて、「プロパティ」ウィンドウも閉じてください。
　「利用者番号」のドロップダウンのリストをはじめ、それぞれの ActiveX コントロールを試しに操作し、データが入力できることを確認しましょう。

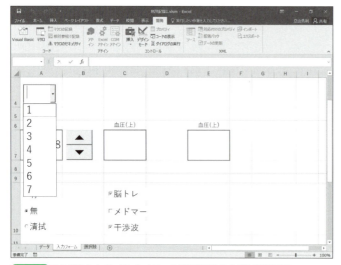

図 5-2-21 それぞれの ActiveX コントロールが操作できるかどうか確認する

［OK］ボタンを現時点ではクリックしても、データはワークシート「データ」の表に転記・格納されません。その処理はプログラミングで作成する必要がありますので、次節で解説します。

COLUMN

データに無関係なセルを入力不可にする

ワークシート「入力フォーム」は現状、体温の A7 セルなどデータを入力するセル以外のセルも自由に入力できてしまいます。もし、データに無関係のセルの入力を禁止にしたければ、「シート保護」と「セルのロック」機能を利用すれば設定できます。

まずはデータ入力を許可したいセルを選択し、［ホーム］タブの［書式］→［セルのロック］をクリックしてハイライトされていない状態に変更することで、ロックをオフにします。データ入力を許可したい他のセルに対しても同様の操作を行います。次に［ホーム］タブの［書式］→［シートの保護］をクリックし、「シートの保護」ダイアログボックスが表示されたら［OK］をクリックして、シートの保護を有効化します。

これで、ロックをオフにしたセル以外はデータが入力できないようになります。入力しようとすると、警告のメッセージが表示されます。

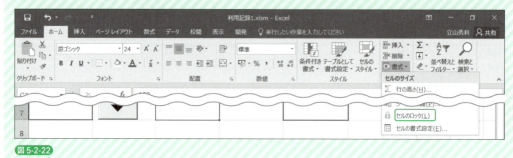

図 5-2-22

3 [OK] ボタンの処理をプログラミングしよう

本節では、前節で Windows 版 Excel フォームに設置した [OK] ボタンをクリックした際に実行する処理を VBA でプログラミングします。

[OK] ボタンの処理には VBA によるプログラミングが必要

　本章で作成している Windows 版 Excel フォームであるブック「利用記録1.xlsm」のワークシート「入力フォーム」は現在、[OK] ボタンをクリックしても何も起こりません。これから本節にて、[OK] ボタンをクリックした際に実行したい処理として、Chapter 5 の 1 で挙げた下記❶～❹の処理を作成します。

> ❶ フォームに入力したデータをワークシート「データ」の表に転記して格納
> ❷ ワークシート「データ」の表の A 列に現在の日付を自動で入力
> ❸ ワークシート「入力フォーム」の「血圧（上）」の C7 セルと「血圧（下）」の E7 セル、「特記＆メモ」の A13 セルの値をクリアし、空の状態に戻す
> ❹ ブック「利用記録1.xlsm」を上書き保存

図 5-3-1

　これらの処理を作成するには、VBA（Visual Basic for Applications）によるプログラミングが必要です。VBA のプログラミングには、Excel 付属の専用ツール「VBE」（Visual Basic Editor）を使います。

　本書では VBA のプログラムについては、先に完成形を提示するとします。読者の皆さんにはそのプログラムをそのまま書き写していただきます。もしくはダウンロードファイルの完成版のブックからコピーして貼り付けていただきます（テキストファイル「5-3.txt」としてコードを用意しましたので、そちらからコピーして貼り付けても構いません）。そして、実際に使って体験していただきます。
　その後、読者の皆さんがご自分の業務などに応用できるよう、プログラムの変更方法を解説します。ご自分の業務にあわせてデータ項目を追加・変更したり、フォームのレイアウトを変更したりしたい際、プログラムのどの箇所をどのように編集すればよいのか、ポイントを絞って解説します。
　最後に、プログラムのポイントを簡単に解説します。プログラム自体の理解を深め、VBA の

スキルを向上したい方はご一読ください。逆に「自分の業務で使えさえすればよく、プログラム自体はよくわからなくてもよい」という方は読み飛ばしても構いません。

[OK] ボタンの処理のプログラムを記述しよう

それでは [OK] ボタンの処理を作成しましょう。プログラムの完成形は下記になります。

```
1   Option Explicit
2
3   Private Sub CommandButton1_Click()
4       '定数宣言
5       Const CL_ORG_TMPR As String = "A7"      'フォームの体温のセル番地
6       Const CL_ORG_BPH As String = "C7"       'フォームの血圧(上)のセル番地
7       Const CL_ORG_BPL As String = "E7"       'フォームの血圧(下)のセル番地
8       Const CL_ORG_MEMO As String = "A13"     'フォームの特記&メモのセル番地
9
10      Const WSN_DST As String = "データ"      '保存先のワークシート名
11      Const DONE As String = "実施"          '「脳トレ」などの実施時の値
12      Const CL_DST_DATE As Long = 1          '保存先の日付の列
13      Const CL_DST_ID As Long = 2            '保存先の利用者番号の列
14      Const CL_DST_TMPR As Long = 3          '保存先の体温の列
15      Const CL_DST_BPH As Long = 4           '保存先の血圧(上)の列
16      Const CL_DST_BPL As Long = 5           '保存先の血圧(下)の列
17      Const CL_DST_BTH As Long = 6           '保存先の入浴の列
18      Const CL_DST_BRTR As Long = 7          '保存先の脳トレの列
19      Const CL_DST_MDM As Long = 8           '保存先のメドマーの列
20      Const CL_DST_IFWV As Long = 9          '保存先の干渉波の列
21      Const CL_DST_MEMO As Long = 10         '保存先の特記&メモの列
22
23      '変数宣言
24      Dim wsData As Worksheet
25      Dim rw As Long                         'データの保存先の行番号
26
27
28      Set wsData = Worksheets(WSN_DST)
29      rw = wsData.Cells(Rows.Count, CL_DST_DATE).End(xlUp).Row + 1    '保存先の行番号取得
30
31      wsData.Cells(rw, CL_DST_DATE).Value = Date    '日付
32      wsData.Cells(rw, CL_DST_ID).Value = Sheet2.ComboBox1.Value     '利用者番号
33      wsData.Cells(rw, CL_DST_TMPR).Value = Sheet2.Range(CL_ORG_TMPR).Value    '体温
34      wsData.Cells(rw, CL_DST_BPH).Value = Sheet2.Range(CL_ORG_BPH).Value      '血圧(上)
35      Sheet2.Range(CL_ORG_BPH).Value = ""    '血圧(上)を空に
36      wsData.Cells(rw, CL_DST_BPL).Value = Sheet2.Range(CL_ORG_BPL).Value      '血圧(下)
37      Sheet2.Range(CL_ORG_BPL).Value = ""    '血圧(下)を空に
38
39      If Sheet2.OptionButton1.Value = True Then     '入浴
40          wsData.Cells(rw, CL_DST_BTH).Value = Sheet2.OptionButton1.Caption   '有
41      ElseIf Sheet2.OptionButton2.Value = True Then
42          wsData.Cells(rw, CL_DST_BTH).Value = Sheet2.OptionButton2.Caption   '無
```

```
43     Else
44       wsData.Cells(rw, CL_DST_BTH).Value = Sheet2.OptionButton3.Caption    '清拭
45     End If
46
47     If Sheet2.CheckBox1.Value = True Then    '脳トレ
48       wsData.Cells(rw, CL_DST_BRTR).Value = DONE
49     End If
50
51     If Sheet2.CheckBox2.Value = True Then    'メドマー
52       wsData.Cells(rw, CL_DST_MDM).Value = DONE
53     End If
54
55     If Sheet2.CheckBox3.Value = True Then    '干渉波
56       wsData.Cells(rw, CL_DST_IFWV).Value = DONE
57     End If
58
59     wsData.Cells(rw, CL_DST_MEMO).Value = Sheet2.Range(CL_ORG_MEMO).Value    '特記&メモ
60     Sheet2.Range(CL_ORG_MEMO).Value = ""    '特記&メモを空に
61
62     ThisWorkbook.Save  '上書き保存
63 End Sub
```

下記の手順で、このプログラムを書き写して[OK]ボタンに組み込んでください。これで、[OK]ボタンをクリックしたら、このプログラムの処理が実行されます。

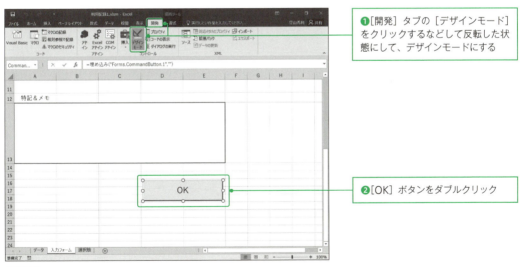

❶[開発]タブの[デザインモード]をクリックするなどして反転した状態にして、デザインモードにする

❷[OK]ボタンをダブルクリック

図 5-3-2

　VBE が起動します。画面右側の「コードウィンドウ」でカーソルが点滅した状態になります。また、「Private Sub Command Button1_Click ()」と「End Sub」のコードが自動で挿入されます。

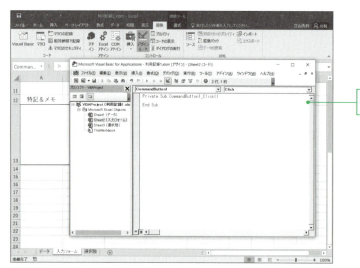

図 5-3-3

> **コードウィンドウについて：**
> プログラムを記述するためのウィンドウです。一般的にプログラムの命令文は「コード」とも呼ばれます。

❸「Private Sub Command Button1_Click ()」と「End Sub」の間のプログラムを、上記の完成版のプログラムから書き写す

❹「Private Sub Command Button1_Click ()」の上に、「Option Explicit」を書き写す

❺クイックアクセスツールバーの[上書き保存]をクリック

❻VBEの[×]をクリックして閉じる

❼[開発]タブの[デザインモード]をクリックして反転しない状態にして、デザインモードを解除する

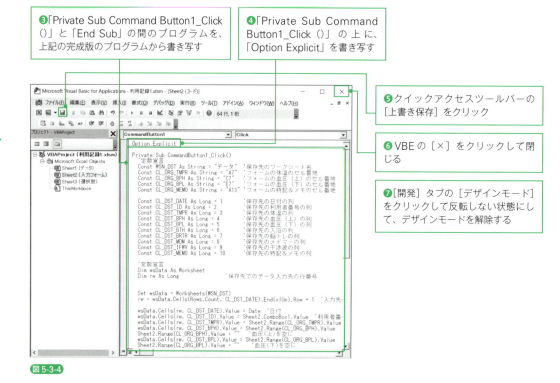

図 5-3-4

コメントは書き写さなくても可

プログラムの中で「'」以降で改行するまでの記述は「コメント」と呼ばれます。実行する処理ではなく、処理内容などをわかりやすくするためプログラム内に残すメモのようなものです。手打ちで書き写す際、時間がなければ、「'」以降のコメントは書き写さなくても問題ありません。

今回のプログラムの記述先は、VBE の画面左側のツリーにある「Sheet2（入力フォーム）」になります。[OK] ボタンをダブルクリックすると開きます。このツリーは「プロジェクトエクスプローラー」と呼びます。VBE では、プログラムの記述先をプロジェクトエクスプローラーで管理し、それをコードウィンドウに開いてプログラムを記述することになります。

もしプログラムを再度編集したければ、プロジェクトエクスプローラーの [Sheet2（入力フォーム）] のアイコンをダブルクリックして開いてください。

パソコン上で試してみよう

これで「利用記録 1.xlsm」は完成です。次節にてタブレットにコピーしてデータを入力しますが、ここでその前にパソコン上で試してみましょう。デザインモードが解除されていることを確認したら、下記の手順でワークシート「入力フォーム」からデータを1件入力し、ワークシート「データ」の表に転記・格納されるか確かめてみます。入力するデータは適当で構いません。

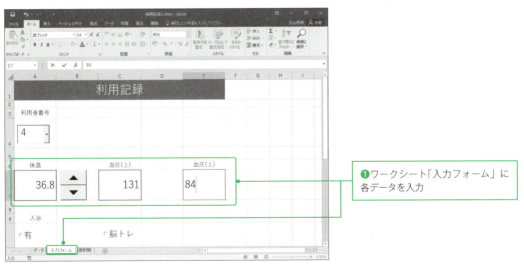

❶ワークシート「入力フォーム」に各データを入力

図 5-3-5

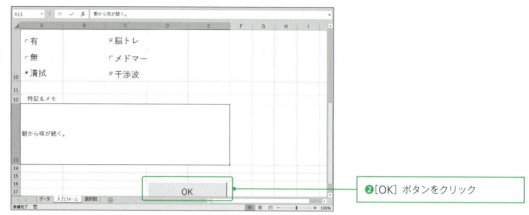

図 5-3-6

❷［OK］ボタンをクリック

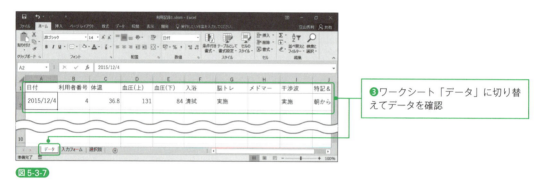

図 5-3-7

❸ワークシート「データ」に切り替えてデータを確認

> **日付も確認：**
> A列「日付」にそのの日付が自動で入力されることも確認しましょう。

　これで意図通り、フォームで入力したデータがワークシート「データ」の表に転記・格納されることが確認できました。自動で上書き保存される機能も備えているため、もしこのままブックを閉じると、先ほど試しに入力したデータも残ってしまいます。このあとタブレットに移植する際、ワークシート「データ」の表にある1件のデータは不要なので削除し、上書き保存してからブック「利用記録1.xlsm」を閉じてください。

　なお、フォームから入力したデータにもし誤りがあった場合、ワークシート「データ」の表を直接編集することで、その場で修正できます。修正後は自動で上書き保存されないので、クイックアクセスツールバーの［上書き保存］をクリックして、忘れずに保存してください。

4 タブレットに移植してデータを入力しよう

本節では、前節で完成したWindows版Excelフォームのブック「利用記録1.xlsm」をタブレットに移植して、データを入力します。

ブックのコピーとタッチモードへの切り替え

　Windows版Excelフォームのブック「利用記録1.xlsm」はパソコン上で作成を進め、前節で完成しました。本節にていよいよタブレットに移植してデータを入力します。使用するタブレットはWindowsタブレットで、Windows版のExcelがインストールされている機器とします。

　では、ブック「利用記録1.xlsm」をパソコンからWindowsタブレットへコピーしてください。コピーの方法はUSBメモリやmicroSDカード、SDカード、メール添付など、何でも構いません。コピーする場所は任意で構いません。今回はデスクトップにコピーしたとします。

> **Windows 10のモード**
> 解説の画面はWindows 10タブレットのデスクトップモードになります。

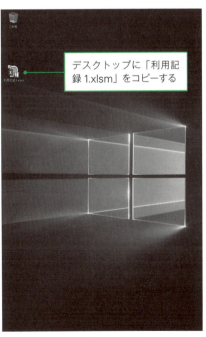

図5-4-1 Windowsタブレットの画面

コピーできたら、ブック「利用記録 1.xlsm」のアイコンをダブルタップするなどして開いてください。「セキュリティの警告～」のメッセージが表示されたら、[コンテンツの有効化]をタップして、マクロを有効化してください。また、保護ビューで開いたら、[変数を有効にする]をタップしてください。

ワークシート「入力フォーム」のデータ

ドロップダウンのリスト（コンボボックス）やスピンボタン、ラジオボタンやチェックボックスには、前節最後に試しで入力した結果が残っています。これは[OK]ボタンをクリックした際、自動で上書き保存されたためです（前節最後に消去したのはワークシート「データ」の試し入力データであり、「入力フォーム」のデータではありません）。

図 5-4-2

　Excel 2013と2016なら、タブレットでもタッチ操作により適した「タッチモード」が用意されています。これは、ボタンやメニューの間隔が広がるなど、ユーザーインターフェースがタッチ操作向けに最適化されたモードです。データを入力する前に、タッチモードに切り替えておきましょう。

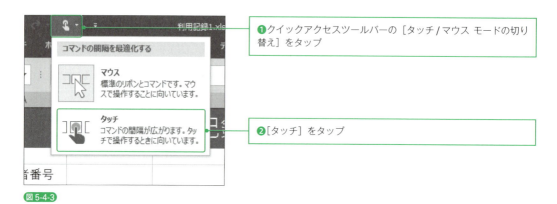

図 5-4-3

[タッチ／マウス モードの切り替え]
パソコンの Excel では表示されません。

　タッチモードに切り替わりました。タッチモードは一度設定すれば、次回以降ブックを開いた際にも継続されます。

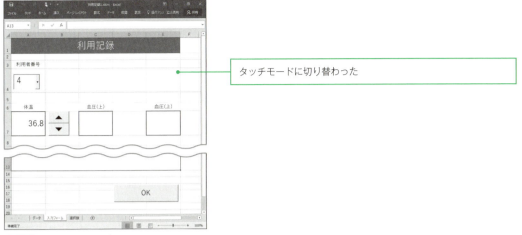

図 5-4-4

タブレットの Windows 版 Excel フォームでデータを入力

それでは、ブック「利用記録 1.xlsm」にデータを入力してみましょう。ここでは、Chapter 1 の 3 で紹介した図 1-3-8 のサンプルのワークシート「データ」の表における 1～5 件目（行番号 2～6）のデータを入力するとします。具体的なデータは、本書ダウンロードファイルの「入力データ .xlsx」の行番号 4～8 を参照してください。

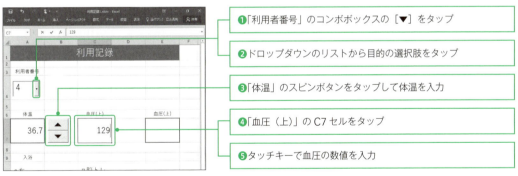

❶「利用者番号」のコンボボックスの［▼］をタップ
❷ ドロップダウンのリストから目的の選択肢をタップ
❸「体温」のスピンボタンをタップして体温を入力
❹「血圧（上）」の C7 セルをタップ
❺ タッチキーで血圧の数値を入力

図 5-4-5

タッチキーの操作

タッチキーを開くには、タスクバーの右側の通知領域にあるタッチキーのアイコンをタップしてください。また、左下の［&123］をタップすると、アルファベットとテンキーを切り替えられます。

・コンボボックスをタップした際にセキュリティの警告が表示されたら、［コンテンツの有効化］をタップしてください。
・スピンボタンの反応が遅くなる場合がありますが、機能としては問題なく使えます。

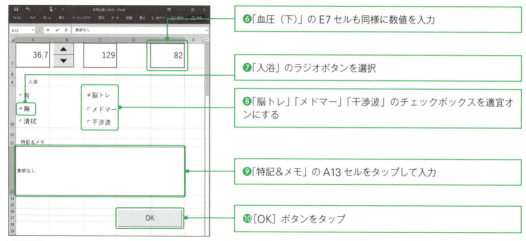

図 5-4-6

ラジオボタンとチェックボックスの操作

ラジオボタンとチェックボックスは文言の部分をタップしても操作できます。

ワークシート「データ」の表にフォームのデータが転記・格納されます。
ワークシート「データ」に切り替えると確認できます。

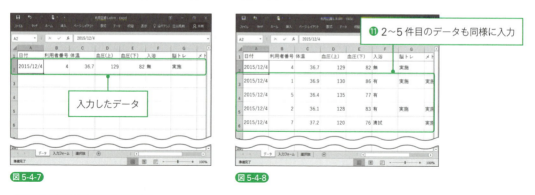

図 5-4-7　　　図 5-4-8

COLUMN

複数ユーザーで利用

　Windows 版 Excel フォームを利用してタブレットでデータを入力する際、複数ユーザーがそれぞれタブレットを使って入力したい場合、1 台のタブレットにブックをそれぞれコピーすることになります。ゆえにブックをユーザー 1 人ずつ用意し、それぞれ個別にデータを入力するようにしましょう。
　入力後は各ブックのデータを、データ活用のためのパソコン上の Excel ブックに集約します。この方法では、ブック名は重複しない形式で命名する必要があります。本章でファイル名の最後に連番を付けたのは、この方法での利用を踏まえていたためです。この方法については、Chapter 6 の 1 のコラム（P175）もあわせてご覧ください。同コラムでは、データの集約について簡単に解説しています。

CHAPTER 5 プログラムのカスタマイズとポイント

本節では、[OK] ボタンのプログラムのカスタマイズ例をいくつか紹介します。あわせて、プログラムのポイントも簡単に解説します。

[OK] ボタンのプログラムのカスタマイズ例

　本プログラムのカスタマイズ例として、ここでは主にフォームやデータ保存先の列の位置の移動を紹介します。位置の移動とはたとえば、ワークシート「入力フォーム」にて、血圧（上）を入力するセルを C7 セルから D7 セルに移動するなどです。

　位置の移動への対応は、Sub プロシージャ「CommandButton1_Click」の冒頭にて宣言している各種定数で行えるようになっています。定数宣言の部分は下記になります。

```
 1  '定数宣言                                                       ――❶
 2  Const CL_ORG_TMPR As String = "A7"    'フォームの体温のセル番地   ――❷
 3  Const CL_ORG_BPH As String = "C7"     'フォームの血圧（上）のセル番地 ――❸
 4  Const CL_ORG_BPL As String = "E7"     'フォームの血圧（下）のセル番地 ――❹
 5  Const CL_ORG_MEMO As String = "A13"   'フォームの特記＆メモのセル番地 ――❺
 6
 7  Const WSN_DST As String = "データ"    '保存先のワークシート名     ――❻
 8  Const DONE As String = "実施"         '「脳トレ」などの実施時の値 ――❼
 9  Const CL_DST_DATE As Long = 1         '保存先の日付の列           ――❽
10  Const CL_DST_ID As Long = 2           '保存先の利用者番号の列     ――❾
11  Const CL_DST_TMPR As Long = 3         '保存先の体温の列           ――❿
12  Const CL_DST_BPH As Long = 4          '保存先の血圧（上）の列     ――⓫
13  Const CL_DST_BPL As Long = 5          '保存先の血圧（下）の列     ――⓬
14  Const CL_DST_BTH As Long = 6          '保存先の入浴の列           ――⓭
15  Const CL_DST_BRTR As Long = 7         '保存先の脳トレの列         ――⓮
16  Const CL_DST_MDM As Long = 8          '保存先のメドマーの列       ――⓯
17  Const CL_DST_IFWV As Long = 9         '保存先の干渉波の列         ――⓰
18  Const CL_DST_MEMO As Long = 10        '保存先の特記＆メモの列     ――⓱
```

　❶～❺の定数は、ワークシート「入力フォーム」におけるセルの位置を定義したものです。❻以降はワークシート「データ」関連の定数です。❻はワークシート名、❼は「実施」の文字列を定義しています。❽～⓱は列番号を定義したものです。各定数に該当するワークシート上の箇所は下図の通りです。

図 5-5-1

　たとえばワークシート「入力フォーム」にて、血圧（上）を入力するセルを C7 セルから D7 セルに移動したければ、そのセル番地を定義している定数「CL_ORG_BPH」の値を現在の C7 から、D7 に変更してください。

▼変更前

Const CL_ORG_BPH As String = "C7"　'フォームの血圧（上）のセル番地

▼変更後

Const CL_ORG_BPH As String = "D7"　'フォームの血圧（上）のセル番地

　保存先であるワークシート「データ」の表全体を列方向に移動したければ、定数 CL_DST_DATE から CL_DST_MEMO までで指定している列の番号を移動後の数値に変更してください。
　また、フォームで入力したいデータの項目を増やしたい場合の例も簡単に紹介します。たとえば、ワークシート「入力フォーム」の E10 セルに、数値を直接入力する項目を増やしたいとします。そのデータはワークシート「データ」の K 列に保存したいとします。この場合、次のようにコードを追加すればよいことになります。

▼追加前

```
        :
        :
Sheet2.Range(CL_ORG_MEMO).Value = ""    '特記&メモを空に

ThisWorkbook.Save ' 上書き保存
End Sub
```

▼追加後

```
        :
        :
Sheet2.Range(CL_ORG_MEMO).Value = ""    '特記&メモを空に
wsData.Cells(rw, 11).Value = Sheet2.Range("E10").Value

ThisWorkbook.Save ' 上書き保存
End Sub
```

　追加した1行のコードは、データの保存先であるワークシート「データ」のK列の末尾のセルに、ワークシート「入力フォーム」のE10セルの値を代入する処理です。「=」の左辺は、ワークシート「データ」のK列の末尾のセルの値になります。Cellsプロパティの第2引数にはK列の列番号である11を指定しています。11の部分は他の項目と同様に定数化しておくと、位置の変更により対応しやすくなるでしょう。第1引数は他のデータと同様に変数rwを指定します。

　「=」の右辺は、ワークシート「入力フォーム」のE10セルの値になります。「E10」の部分は他の項目と同様に定数化しておくと、位置の変更により対応しやすくなるでしょう。

　他に、コンボボックスやオプションボタンやチェックボックスで入力する項目を増やしたい場合は、このあとで解説するプログラムのポイントを参考にしてください。

プログラムのポイントについて

イベントプロシージャと処理の大まかな流れ

　Subプロシージャ「CommandButton1_Click」は厳密には、イベントプロシージャになります。［OK］ボタンがクリックされると実行されます。

　イベントプロシージャ名は「オブジェクト名_イベント名」という書式になっています。「オブジェクト名」の部分は［OK］ボタンのオブジェクト名「CommandButton1」、「イベント名」の部分はクリックを意味する「Click」となっています。［OK］ボタンなどActiveXコントロールのオブジェクト名は、プロパティウィンドウの「(オブジェクト名)」欄で確認できます。また、同欄にてオブジェクト名を変更することも可能です。

中身の処理の大まかな流れは、ワークシート「入力フォーム」の各セルおよび各 ActiveX コントロールの値を取得し、ワークシート「データ」の該当列の末尾の行に代入して格納する、となっています（P152 のコード 31〜57 行目）。日付のみ値は Date 関数で取得しています。

ActiveX コントロールを VBA で操作する基本

ActiveX コントロールの値を VBA で操作する際は、基本的に下記の書式でコードを記述します。通常のセルなどを VBA で操作する場合と同じく、オブジェクトにプロパティまたはメソッドを組み合わせたコードになります。

ActiveXコントロールのオブジェクト名.プロパティ名またはメソッド名

「ActiveX コントロールのオブジェクト名」は先ほどのイベントプロシージャの解説でも触れましたが、プロパティウィンドウの「（オブジェクト名）」欄で確認・設定できます。ActiveX コントロールの値の値は Value プロパティで取得できます。

たとえば本サンプルにて、利用者番号のドロップダウン（コンボボックス）のリストで選択された値を取得するコードは下記になります（P153 のコード 47 行目）。

Sheet2.ComboBox1.Value

コンボボックスのオブジェクト名「ComboBox1」に、値の Value プロパティを組み合わせます。さらには「ComboBox1」の前に、2 つ目のワークシート（ワークシート「入力フォーム」）を意味する「Sheet2」を親オブジェクトとして指定しています。

オプションボタンとチェックボックスの値

オプションボタンのみ、Value プロパティではなく Caption プロパティを代入しています（P152 のコード 39〜45 行目）。Caption プロパティは「有」などオプションボタンの文言でした。その文言をデータとして保存したいため、Caption プロパティを利用しています。このように「プロパティ」ウィンドウのプロパティ名をコードに書くことで、その値をプログラムで操作できます。

オプションボタンの Value プロパティでは、そのオプションボタンがオンなら True、オフなら False が得られます。本プログラムではその仕組みを利用し、If ステートメントと組み合わせて、各ボタンの Value プロパティが True ならオンと判別しています。オンならその文言を Caption プロパティで取得して、保存先のセルに代入しています。

```
39  If Sheet2.OptionButton1.Value = True Then        '入浴
40      wsData.Cells(rw, CL_DST_BTH).Value = Sheet2.OptionButton1.Caption    '有
41  ElseIf Sheet2.OptionButton2.Value = True Then
42      wsData.Cells(rw, CL_DST_BTH).Value = Sheet2.OptionButton2.Caption    '無
43  Else
```

```
44      wsData.Cells(rw, CL_DST_BTH).Value = Sheet2.OptionButton3.Caption    '清拭
45    End If
```

チェックボックスの値は Value プロパティを用い、オンなら True、オフなら False が得られます。本プログラムでは同じく If ステートメントと組み合わせ、オンなら定数 DONE（文字列「実施」を定義）を保存先のセルに代入する処理を 3 つのチェックボックスごとに行っています（P153 のコード 47～57 行目）。

```
47    If Sheet2.CheckBox1.Value = True Then    '脳トレ
48      wsData.Cells(rw, CL_DST_BRTR).Value = DONE
49    End If
50
51    If Sheet2.CheckBox2.Value = True Then    'メドマー
52      wsData.Cells(rw, CL_DST_MDM).Value = DONE
53    End If
54
55    If Sheet2.CheckBox3.Value = True Then    '干渉波
56      wsData.Cells(rw, CL_DST_IFWV).Value = DONE
57    End If
```

データの保存先の行番号を取得する仕組み

データの保存先の行番号は変数 rw に格納しており、保存先の各セルの Cells プロパティにて、行を示す第 1 引数に指定しています。変数 rw の値は以下のコードによって設定しています（P152 のコード 29 行目）。

```
rw = wsData.Cells(Rows.Count, CL_DST_DATE).End(xlUp).Row + 1
```

「=」の右辺は、「wsData.Cells(Rows.Count, CL_DST_DATE).End(xlUp).Row」によって、表の末尾（データが格納されている最終行）の行番号を取得しています。データ入力先はその 1 行下になるので、「+ 1」によって行番号を 1 増やしてから、変数 rw に代入しています。

「wsData.Cells(Rows.Count, CL_DST_DATE).End(xlUp).Row」の部分は、End プロパティが軸になっています。End プロパティは出発点のセルから指定した方向における終端のセルのオブジェクトを取得します。書式は次の通りです。

オブジェクト.End(Direction)	
オブジェクト	出発点となるセルのオブジェクト
Direction	方向。右表のいずれかの定数

定数	方向
xlUp	上
xlDown	下
xlToLeft	左
xlToRight	右

> **End プロパティの機能：**
> End プロパティはちょうどショートカットキーの［Ctrl］＋矢印キーの機能に該当します。

　出発点となるセルが表の中の場合、その表の上／下／左／右端のセルのオブジェクトを取得します。出発点となるセルが表の外の場合（進行方向の隣のセルが空の場合）、指定した方向で初めてデータが入っているセルのオブジェクトを取得します。

　本プログラムでは、出発点となるセルのオブジェクトに「wsData.Cells(Rows.Count, CL_DST_DATE)」を指定しています。このセルはワークシート「データ」の A1048576 セルになります。Cells プロパティの第 1 引数に指定している「Rows.Count」は、ワークシート全体の行数である 1048576 を取得するコードです。定数 CL_DST_DATE は 1 が定義されているので、「wsData.Cells(Rows.Count, CL_DST_DATE)」は、ワークシート「データ」の A1048576 セルになるのです。

　A1048576 セルを出発点に、「End(xlUp)」によって上端のセルを取得しています。A1048576 セルより前の行にはデータは格納されていないので、上方向で初めてデータが入っているセルを取得します。そのセルは表の末尾のセルになります。あとはセルの行番号を取得する Row プロパティを用いて、表の末尾のセルの行番号を取得しています。

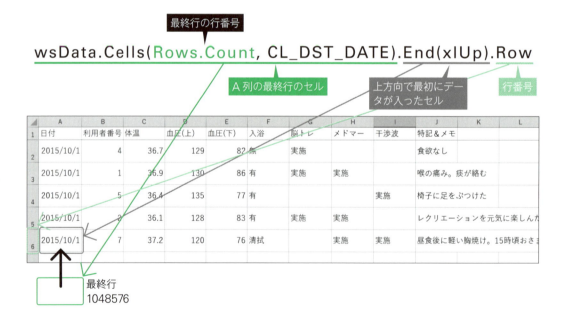

タブレットから入力したデータを Excel で活用する

1　タブレットで入力したデータを Excel にコピーしよう　　168
2　「氏名」などのデータを別表から抽出しよう　　176
3　「記録票」の帳票を作成しよう　　189
4　業務日誌のひな形を作成しよう　　202

CHAPTER 6

CHAPTER 6

1 タブレットで入力したデータを Excel にコピーしよう

本章からは、タブレットで入力したデータを Excel に取り込んで活用していきます。本節はその手始めとして、タブレットで入力したデータを Excel にコピーします。

活用のためのブックにデータをコピー

　Chapter 2 から Chapter 5 までに、タブレットを用いてデータを入力する 4 種類の方法を解説しました。Google フォームなど各方法に応じた入力の仕組みを作成し、実際にタブレットでデータを入力しました。入力したデータは方法ごとに決められた格納先に保存されています。入力方法 A Google フォームと、入力方法 B Google スプレッドシートでは、Google スプレッドシートに保存されたデータを Excel ブックの形式でダウンロードしたのでした。入力方法 C Android／iOS 版 Excel アプリでは OneDrive、入力方法 D Windows 版 Excel フォームではタブレット内の Excel ブックに直接保存したのでした。

　本章からはいよいよ、タブレットで入力したデータを用いて、帳票作成をはじめとする活用をパソコンの Excel で行っていきます。活用のためのブックは Chapter 1 の 3 で紹介した通り「業務管理.xlsx」です。同ブックのワークシート［データ］の表に、タブレットで入力したデータをコピーすることになります。

図 6-1-1 「業務管理.xlsx」のワークシート「データ」の最初の状態

168

本節ではデータのコピーを行います。コピーに際して注意すべきは、列の構成です。コピー先であるブック「業務管理.xlsx」のワークシート「データ」では、B列「利用者番号」の後は、C列が「氏名」、D列が「性別」、E列が「介護度」、F列が「体温」となっています。一方、タブレットで入力したデータの格納先となる表では、B列「利用者番号」の後は、C列が「体温」となっています。「氏名」と「性別」と「介護度」の列はありません。そのような列の違いを踏まえてデータをコピーしなければなりません。

　なお、「氏名」と「性別」と「介護度」はChapter 1の3で紹介した通り、ブック「業務管理.xlsx」のワークシート「マスタ」に別途用意しておいた表から、VLOOKUP関数によって利用者番号から該当データを抽出する形になります（その作業は次節で行います）。

　加えて、今回はコピーの際、フォントのサイズなどセルの書式はコピー先であるブック「業務管理.xlsx」のワークシート「データ」のものを踏襲するとします。コピー元の書式でも機能面では問題ないのですが、見た目をよりスッキリさせるため、コピー先の書式に揃えるとします。そのため、データを「形式を選択して貼り付け」の「値」で貼り付けます。

　それでは、タブレットで入力したデータを活用のためのブック「業務管理.xlsx」のワークシート「データ」にコピーしましょう。

　まずはコピー先となるブックを用意します。本書ダウンロードファイル（入手方法はP006参照）に含まれる「業務管理.xlsx」を任意の場所にコピーしてください。ここでは「ドキュメント」フォルダーに新規作成した「業務管理」フォルダーにコピーしたとします。

　同ブックをコピーしたらダブルクリックで開いてください。各ワークシートの概要や構成などは、Chapter 1の3で解説しましたのでそちらを参照してください。ただし、ワークシート「データ」には、データは一切コピーしてありません。A列（日付のデータを格納）の4行目以降のみ、セルの表示形式を「短い日付」にあらかじめ設定してあります。

　ワークシート「記録表」と「業務日誌ひな形」では、各データを転記・集計するセルには、関数等は一切設定してありません。次節以降で必要な関数等を入力していきます。

「短い日付」の表示形式：
「2016/4/1」など、4桁の西暦年と月と日が「/」で区切られた形式で日付を表示します。

　次にコピー元となるブックをここでいったん整理します。タブレットで入力したデータが格納されているブックは入力方法ごとに、次のブックに格納されています。

入力方法A	Googleフォーム	利用記録（回答）.xlsx（Googleドライブからダウンロード）
入力方法B	Googleスプレッドシート	利用記録1.xlsx（Googleドライブからダウンロード）
入力方法C	Android／iOS版Excelアプリ	利用記録1.xlsx（OneDriveの「利用記録」フォルダー内）
入力方法D	Windows版Excelのフォーム	利用記録1.xlsm（タブレットからブックごとコピー）

表6-1-1

いずれのブックも現時点では、Chapter 2〜5 での最終節の操作によって、パソコン内の任意の場所に置いてあります（C のみ本体は OneDrive 上）。もし、置いていなければ、各章の最終節の手順にしたがってダウンロードまたはコピーしておいてください。

　さて、Chapter 2〜5 にて A〜D の入力方法によってタブレットで入力した際、データは最初の 5 件しか入力していませんでした。また、A と D の入力方法では、日付は実際に入力した時点のものとなっています。これから解説するデータのコピーおよび活用では、Chapter 1 の 3 で紹介した状態のデータ（P022）を用いるとします。すると、タブレットで入力したデータは現時点では件数（Chapter 1 の 3 の状態では 23 件）が足りず、かつ、A と D の入力方法の場合は日付も異なります。

　そこで、この状態と同じデータが入力してあるブックをダウンロードファイルの「Chapter6」フォルダー以下にある「データ入力済み」フォルダーに用意しました。もちろん、ご自分でデータを追加／修正しても構いませんが、その作業の手間と時間を節約したい方は、「データ入力済み」フォルダーのブックをコピーしてお使いください。なお、入力方法 B と C ではブック名が同じ「利用記録 1.xlsx」になるため、「データ入力済み」フォルダー内のブック名では、後ろに方法名を付け加えてあります。

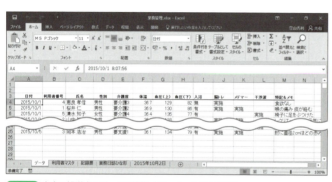

図 6-1-2 本章で解説するデータの状態（Chapter 1 の 3 参照）

図 6-1-3 ダウンロードファイルに用意されているデータ入力済みのブック一式

入力方法ごとにデータをコピーしよう

準備ができたところでさっそく、タブレットで入力したデータをブック「業務管理 .xlsx」のワークシート「データ」にコピーしましょう。基本的な手順は入力方法 A〜D ですべて同じであり、異なるのはコピー元のブックとワークシートだけです。ご自分が選んだ入力方法に応じてコピーしてください。

入力方法 A の Google フォームのデータをコピー

Google フォームのデータは「利用記録（回答）.xlsx」にまとめられています（P87 参照）。まずは「日付」と「利用者番号」のデータをコピーします。

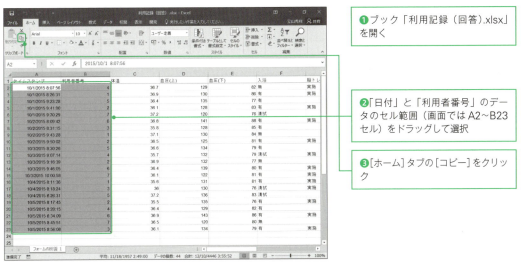

❶ ブック「利用記録（回答）.xlsx」を開く

❷「日付」と「利用者番号」のデータのセル範囲（画面では A2〜B23 セル）をドラッグして選択

❸［ホーム］タブの［コピー］をクリック

図 6-1-4

> **ワークシート名：**
> 「利用記録（回答）.xlsx」のワークシートはひとつのみであり、名前は「フォームの回答 1」になります。

> **編集を有効にする：**
> リボンの下に「保護ビュー」のメッセージが表示されたら、［編集を有効にする］をクリックしてください。

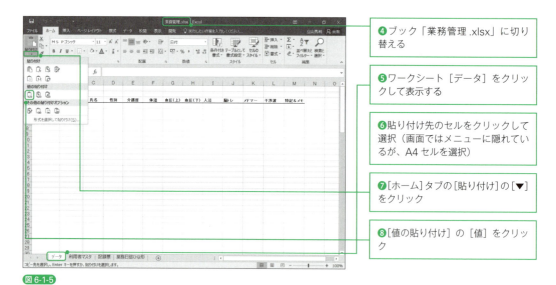

❹ブック「業務管理.xlsx」に切り替える

❺ワークシート[データ]をクリックして表示する

❻貼り付け先のセルをクリックして選択(画面ではメニューに隠れているが、A4セルを選択)

❼[ホーム]タブの[貼り付け]の[▼]をクリック

❽[値の貼り付け]の[値]をクリック

図 6-1-5

「日付」と「利用者番号」のデータがコピーされます。

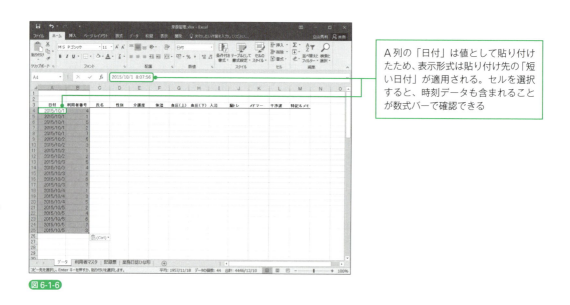

A列の「日付」は値として貼り付けたため、表示形式は貼り付け先の「短い日付」が適用される。セルを選択すると、時刻データも含まれることが数式バーで確認できる

図 6-1-6

次に「体温」から「特記&メモ」までのデータをコピーします。ブック「業務管理.xlsx」では、「体温」はF列なので間違えないよう注意しましょう。

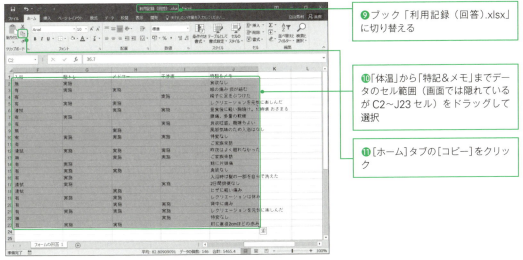

図 6-1-7

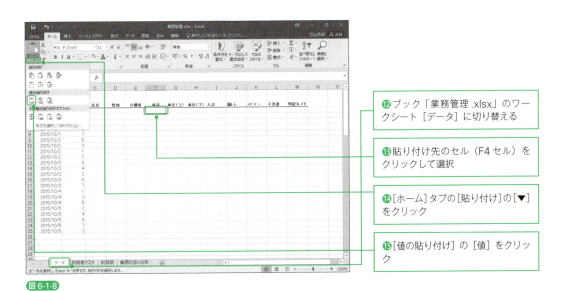

図 6-1-8

「体温」から「特記＆メモ」までのデータがコピーされます。

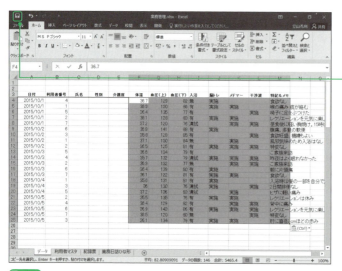

「体温」から「特記&メモ」までのデータがコピーされます

⓯クイックアクセスツールバーの[上書き保存]をクリック

図 6-1-9

入力方法 B から D のデータをコピー

BからDの入力方法の場合もブック「利用記録1.xls」を開き、ワークシート「シート1」のデータをAと同様の手順にて、ブック「業務管理.xlsx」のワークシート[データ]にコピーしてください。

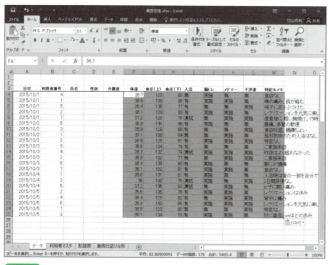

図 6-1-10

今後はタブレットにてデータを追加で入力したら、その追加分のデータをブック「業務管理.xlsx」のワークシート[データ]の表の末尾に追加するかたちでコピーしていく必要があります。

そのような操作を毎回行うのは手間であり、コピーミスの恐れも常につきまといます。そこで次章では、本節のコピー操作をマクロで自動化する方法を紹介します。

COLUMN

複数のタブレットでデータを入力した場合

　BとCとDの入力方法にて複数のタブレットでデータを入力した場合、ブックは複数使うことになります。本書では、ブック名は「利用記録1.xls」、「利用記録2.xls」……と最後に連番を付けるなど、タブレットごとに異なる名前にしています。それらの各ブックからデータをブック「業務管理.xlsx」のワークシート「データ」にコピーする場合、表の末尾に追加するかたちでコピー＆貼り付ける操作をタブレットの数だけ行ってください。

　なお、Chapter 1などで既に解説しましたが、入力方法Aの場合、複数のタブレットでデータを入力しても、GoogleフォームおよびGoogleスプレッドシートの機能によって、1つのブックに自動で集約されます。

CHAPTER 6

2 「氏名」などのデータを別表から抽出しよう

本節では、ブック「業務管理.xlsx」のワークシート「データ」で現在空白となっているC〜E列にデータを入れます。利用者の一覧表からデータを抽出するかたちで入力します。

「利用者番号」によって別表から「氏名」などを抽出

　前節では、タブレットで入力したデータをブック「業務管理.xlsx」のワークシート「データ」にコピーしました。その際、C列「氏名」とD列「性別」とE列「介護度」にはデータをコピーしませんでした。この3列のデータはChapter 1の3でも紹介したように、タブレットでデータを入力するのではなく、あらかじめ別途用意しておいた表から抽出して入力する形になります。

　その表とは同ブックのワークシート2枚目の「利用者マスタ」です。A列が「利用者番号」、B列が「氏名」、C列が「性別」、D列が「介護度」という構成になっています。

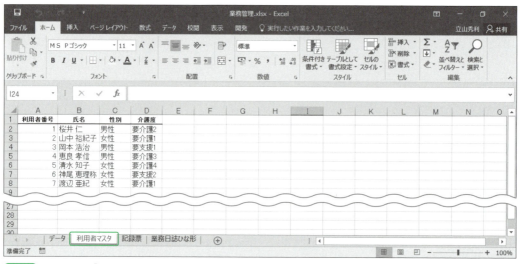

図6-2-1　ワークシート「利用者マスタ」の表

　ワークシート「データ」のB列「利用者番号」に格納されているデータと同じ値を、ワークシート「利用者マスタ」のA列「利用者番号」から探します。B列の「氏名」もC列の「性別」もD列の「介護度」のデータも、同じ行をたどればわかります。

　このように「利用者番号」のデータを基準に、ワークシート「利用者マスタ」の表からワークシート「データ」へデータを抽出するには、VLOOKUP関数を利用する方法がベストです。VLOOKUP関数とは、指定した検索値を指定したセル範囲の表の左端の列から検索し、指定し

た列番号と同じ行にあるデータを返す関数です。書式は次の通りです。

VLOOKUP(検索値, 範囲, 列番号, 検索方法)	
検索値	検索する値
範囲	検索するセル範囲
列番号	抽出する列の番号
検索方法	近似値を含めて検索するならTRUE、完全一致で検索するならFALSEを指定

表 6-2-1

　検索する値を引数「検索値」に、検索するセル範囲を引数「範囲」に指定します。検索は引数「範囲」に指定したセル範囲の左端の列で必ず行われます。引数「列番号」は抽出したいデータの位置を、引数「範囲」で指定したセル範囲の左端の列を1とする数値を指定します。引数「検索方法」は通常、完全一致で検索するのでFALSEを指定します。

　それでは、ブック「業務管理.xlsx」のワークシート「データ」にて、VLOOKUP関数を利用してC列「氏名」とD列「性別」とE列「介護度」のデータを抽出して入力してみましょう。まずはC列「氏名」の先頭行であるC4セルにVLOOKUP関数を記述します。

　最初に、ワークシート「データ」のC4セルを選択した後、「=VLOOKUP(」まで入力します。検索に用いる「利用者番号」の値はB列の同じ行であるB4セルにあるので、引数「検索値」にはB4セルを指定します。その際、この後で他のセルにもコピーすることを考慮し、列のみを絶対参照とする「$B4」と指定します。

　「$B4」と直接入力してもよいのですが、Excelでは［F4］キーを押すと、参照の種類が切り替わる機能があるので、それを利用してみましょう。「B4」と入力したら、F4キーを3回押してください。すると、「$B4」と列のみ絶対参照に切り替わります。

`=VLOOKUP($B4`

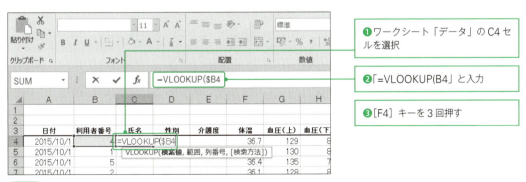

図 6-2-2

　引数「範囲」には、ワークシート「利用者マスタ」の表のセル範囲を指定します。その表に実際にデータが格納されているのはA1～D8セルなので、そのセル範囲を「利用者マスタ

「!A1:D8」などと指定してもよいのですが、今回はちょっとした工夫をして、列番号のみを「利用者マスタ !A:D」と指定します。

このように行番号は省略して列番号のみを指定すると、参照範囲がその列全体になります。すると、今後もし利用者が増えてデータを追加して表の行数が増えても、VLOOKUP 関数の引数「範囲」を変更する必要がなくなります。もし、「利用者マスタ !A1:D8」などと指定すると、「8」の部分を増えた行番号にいちいち書き換えなくてはなりませんが、今回のように列番号のみで指定すればそのような手間は不要です。

さらにこの後他のセルにコピーすることを考慮し、絶対参照で「利用者マスタ !$A:$D」と指定します。では、引数「範囲」を以下のように記述してください。

=VLOOKUP($B4,利用者マスタ !$A:$D

図 6-2-3

なお、今回用いた列番号のみ指定する方法で注意していただきたいのは、あくまでも表の見出し行の文言が、VLOOKUP 関数の検索にヒットしないことが必須である点です。列全体を検索対象の範囲にしているため、見出し行でも検索が行われるためです。

引数「列番号」は、抽出したい「氏名」のデータは引数「範囲」に指定した表（ワークシート「利用者マスタ」の表）の 2 列目にあるので、2 を指定します。引数「検索方法」は完全一致で検索したいので FALSE を指定します。以上を入力すると、ワークシート「データ」の C4 セルには次のような VLOOKUP 関数が入ることになります。

=VLOOKUP($B4,利用者マスタ !$A:$D,2,FALSE)

図 6-2-4

目的の VLOOKUP 関数を入力すると、画面のように C4 セルには「恵良 孝信」と表示されます。

ワークシート「データ」の B4 セルに入っている「利用者番号」は 4 です。ワークシート「利用者マスタ」の表で A 列「利用者番号」の値が 4 なのは A5 セルなので、その A5 セルが検索されます。そして、同じ行の 2 列目のデータである「恵良 孝信」が抽出されたのです。

図 6-2-5

参照形式について：
数式を他のセルにオートフィル機能などでコピーした際、相対参照で指定したセルはコピー先に応じて行／列番号が自動で変更されます。一方、絶対参照で指定したセルの行／列番号は変更されません。絶対参照で指定する場合は冒頭に「$」を付けます。また、行と列のいずれかのみ絶対参照で、残りは相対参照の形式は「複合参照」と呼ばれます。

F4 キーによる参照形式の切り替え：
F4 キーを押すと、参照の形式が＜行も列も相対参照＞→＜行のみ絶対参照＞→＜列のみ絶対参照＞→＜行も列も絶対参照＞の順に切り替わります。

ワークシートをまたぐセル参照：
別のワークシートのセルを参照する際は、セル番地の前に「ワークシート名！」を付けます。

「関数の挿入」ダイアログボックス：
今回関数は数式バーに直接入力しましたが、「関数の挿入」ダイアログボックスを利用すると、より手軽に入力できます。同ダイアログボックスを開くには数式バーの左隣、または［数式］タブにある［関数の挿入］をクリックします。

IFERROR 関数で「#N/A」エラーを非表示にしよう

これでワークシート「データ」の C4 セルに目的の VLOOKUP 関数を入力できました。同じ行の D 列「性別」である D4 セル、E 列「介護度」である E4 セルにも同様に VLOOKUP 関数を入力していきます。加えて、5 行目以降にも入力していきます。

ワークシート「データ」の表の最終行は行番号 25 なので、その行まで VLOOKUP 関数を入力すれば、C〜E 列の空白のセルには目的のデータを抽出できます。さらにここで、今後データが増えていくことを見越して、行番号 25 以降もあらかじめ VLOOKUP 関数を入れておくとします。データが増える度にいちいち入力するのは面倒なので、最初から入力しておくとします。

そうすると、行番号25より後のセルでは、「#N/A」エラーが表示されてしまいます。もし仮に、C4セルのVLOOKUP関数の数式をC26セルにコピーしたとすると、次の画面のように「#N/A」エラーが表示されます。

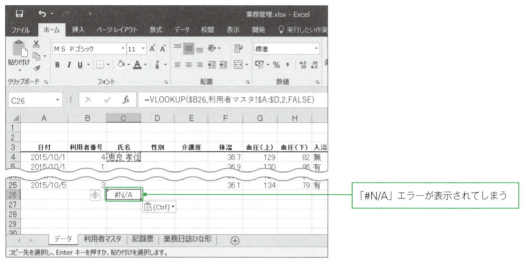

図6-2-6

「#N/A」エラーは、参照などに用いるセルのデータが無効な値の場合に発生するエラーです。C26セルの場合、検索値であるB26セルには、データは何も入っていません。そのためVLOOKUP関数で検索が正しく行われず、「#N/A」エラーとなってしまうのです。

このようにVLOOKUP関数を行番号25より後にあらかじめ入れておくと発生する「#N/A」エラーは、IFERROR関数によって非表示にできます。

IFERROR(値, エラーの場合の値)

値	表示したい値や数式
エラーの場合の値	エラーの場合に表示する値

引数「値」に指定した値や数式がエラーでない場合、その値や数式がそのまま表示されます。エラーの場合、引数「エラーの場合の値」に指定した値を表示することができます。

今回はVLOOKUP関数で「#N/A」などのエラーが発生した場合、何も表示しないとします。そのためにはIFERROR関数の引数「エラーの場合の値」に、空の文字列である「""」を指定します。以上を踏まえると、C4セルの数式は次のように変更すればよいことになります。引数「値」に既存のVLOOKUP関数を丸ごと指定します。

=IFERROR(VLOOKUP($B4,利用者マスタ!$A:$D,2,FALSE),"")

図 6-2-7

すると、C4 セルには「恵良 孝信」と表示されます。

図 6-2-8

C4 セルの数式を IFERROR 関数で変更しましたが、同セルはもともと「#N/A」エラーがないので、表示される結果は変更前と変わりません。しかし、もし仮に、この C4 セルの数式を C26 セルにコピーした際、「#N/A」が表示されなくなります。

> **数式の編集：**
> 数式の編集は数式バーではなく、C4 セル内で直接行っても構いません。

同じ行の D 列と E 列のセルに数式をコピー

ワークシート「データ」の C4 セルは VLOOKUP 関数と IFERROR 関数を組み合わせた数式によって、目的のデータを抽出できるようになりました。この C4 セルの数式を残りの D 列と E 列、および行番号 5 以降にもコピーして展開しましょう。

まずは同じ行の D4 セルと E4 セルにコピーします。コピー＆貼り付けやオートフィル機能などでコピーしてください。すると、抽出される値は両セルとも B4 セルと同じになってしまいます。

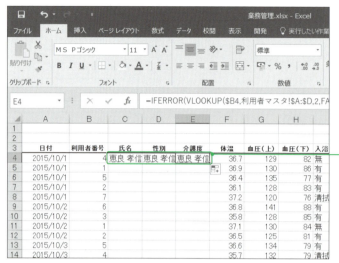

図6-2-9

　C4セルのVLOOKUP関数は引数「検索値」を列のみ絶対参照、引数「範囲」を絶対参照で指定したことによって、D4セルもE4セルもそれに応じてコピーされます。その結果、両セルとも引数「検索値」は同じB4セル、引数「検範囲」も同じワークシート「利用者マスタ」のA～D列を使いたいので、これら2つの引数は目的に適したかたちでコピーされました。

　一方、引数「列番号」は2のままです。C4セルでは、ワークシート「利用者マスタ」の表（引数「範囲」にはA～D列の範囲を指定）で「氏名」が2列目にあるので2を指定したのでした。しかし、D4セルには「性別」、E4セルには「介護度」のデータを抽出したいのでした。ワークシート「利用者マスタ」の表では「性別」は3列目、「介護度」は4列目にあるので、それぞれ引数「列番号」の値を書き換える必要があります。では、D4セルのVLOOKUP関数の引数「列番号」を3に、E4セルのVLOOKUP関数の引数「列番号」を4に書き換えてください。

`=IFERROR(VLOOKUP($B4,利用者マスタ!$A:$D,3,FALSE),"")`

▲D4セル

`=IFERROR(VLOOKUP($B4,利用者マスタ!$A:$D,4,FALSE),"")`

▲E4セル

　これでD4セルには「男性」、E4セルには「要介護3」と目的のデータが抽出されるようになります。

図6-2-10

C～E列の行番号5以降にもコピー

　これでC4～E4セルには、目的のデータ抽出を可能とする数式を入力できました。後はこの数式を、残りのセルであるC～E列の行番号5以降にもコピーしましょう。

　C～E列のどの行までコピーするかですが、ワークシートの最終行である1048576行までコピーしても決して間違いではないのですが、パソコンの性能などによっては、ブックの動作が重くなってしまいます。そこで今回は10000行まであらかじめ入力しておくとします。よって、これから数式のコピー先となるセル範囲はC5～E10000セルになります。

　コピーする手段ですが、たとえばオートフィルを利用するなら、C4～E4セルを選択した後、C10000～E10000までドラッグしなければならず、相当な手間を要してしまいます。他にもさまざまな手段が考えられますが、今回は次の手段でコピーするとします。

　まずコピー元の数式のC4～E4セルを選択して［コピー］をクリックし、クリップボードにコピーしておきます。そして、コピー先のセル範囲であるC5～E10000を選択してから貼り付けを実行します。すると、C5～E10000セルすべてに数式がコピーされる、という手段です。また、以下の手順では「ジャンプ」機能を利用し、C5～E10000セルの選択方法を少々工夫しています。

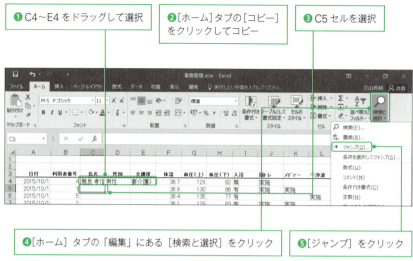

図 6-2-11

「ジャンプ」ダイアログボックスが表示されます。

図 6-2-12

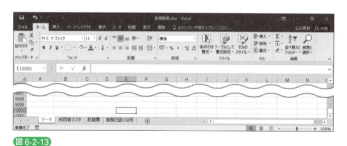

E10000 セルが選択される

図 6-2-13

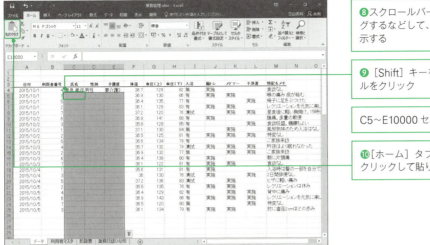

図 6-2-14

C5～E10000 セルに目的の数式が一括してコピーされます。

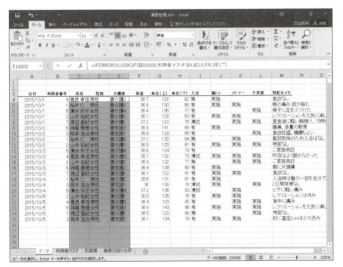

図 6-2-15

　これで目的の数式を C5～E10000 セルに一括してコピーできました。行番号 25 までについては、B 列の「利用者番号」にデータが入っているので、VLOOKUP 関数によって、B 列の「利用者番号」の値に該当する「氏名」が C 列、「性別」が D 列、「介護度」が E 列にそれぞれワークシート「利用者マスタ」の表から抽出されます。行番号 26 以降については、セルには何も表示されていません。VLOOKUP 関数そのものは B 列が空のため「#N/A」エラーになるのですが、IFERROR 関数によってエラー時には何も表示しないようにしたからです。

　また、C 列「氏名」は列幅が狭くてデータが途中で切れていたら、行番号の C 列と D 列と境界部分をダブルクリックするなどして広げておきましょう。

あらかじめ何行目まで入れておくか：
今後入力されうるデータの件数、パソコンのスペックなどの環境、実際に入力した際の動作状況などを総合的に考慮して決めましょう。

「ジャンプ」ダイアログボックスの表示：
ショートカットキーの［Ctrl］＋［G］でも表示できます。

セル範囲に数式を一括して新規入力：
目的のセル範囲を選択した状態で、数式バーに目的の式を新規で入力し、［Ctrl］＋［Enter］キーを押すと、そのセル範囲に数式を一括入力できます。本節のように既存の数式をコピー＆貼り付けではなく、数式を新規で手入力したい場合に有効な機能です。

COLUMN

利用者番号と氏名を並記したデータを入力した場合

　Chapter 2 の 4 の節末コラムでは、Google フォームのアイテム「利用者番号」のドロップダウンのリストにおいて、選択肢が 1～7 の数値のみの選択肢では入力しづらい問題への対策の例として、選択肢に氏名も並記する方法を紹介しました。選択肢は同コラムで紹介した通り、たとえば「1 櫻井 仁」など、「利用者番号 氏名」の形式になります。この方法は Google フォームのみならず、他の入力方法でも利用できます。

　もし、利用者番号の選択肢をそのように設定した場合、タブレットのデータをブック「業務管理.xlsx」のワークシート「データ」にコピーすると、B 列「利用者番号」は当然、「1 櫻井 仁」など選択肢がそのままデータになります。

　B 列「利用者番号」がそのような形式のデータになると、C～E 列の数式も対応させなければ、氏名や性別や介護度のデータをワークシート「利用者マスタ」の表から意図通り抽出できません。具体的には、たとえば C4 セルなら、次のような数式に変更する必要があります。

▼変更前

`=IFERROR(VLOOKUP($B4,利用者マスタ!$A:$D,2,FALSE),"")`

▼変更後

`=IFERROR(VLOOKUP(VALUE(LEFT($B4,FIND(" ",$B4)-1)),利用者マスタ!$A:$D,2,FALSE),"")`

　D～E 列、および 5 行目以降も同様に変更すれば、氏名や性別や介護度のデータを意図通り抽出できます。

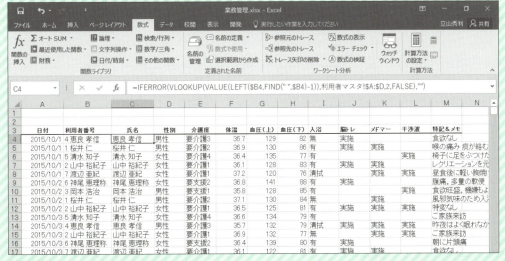

図 6-2-16

　変更箇所は VLOOKUP 関数の1番目の引数「検索値」のみです。従来の「$B4」から下記に変更しています。

VALUE(LEFT($B4,FIND(" ",$B4)-1))

　この数式によって、「利用者番号 氏名」の形式のデータから「利用者番号」のみを取り出しています。たとえば、「4 恵良 孝信」なら「4」のみを取り出します。

　取り出す仕組みですが、利用者番号と氏名の境界は Chapter 2 の4節末コラムで紹介した通り、半角スペースに決めたのでした。まずは半角スペースの位置を FIND 関数によって、「FIND(" ",$B4)」という数式で調べています。FIND 関数は指定した語句が指定した文字列内で最初に現れる位置を求める関数です。位置は先頭を「1」として何文字目かの数値として求められます。

FIND(検索文字列, 対象, 開始位置)	
検索文字列	検索する語句
対象	検索対象の文字列
開始位置	検索の開始位置。先頭を1とする数値で指定。省略可能であり、省略すると1を指定したとみなされる

　「FIND(" ",$B4)」では引数「検索文字列」に、利用者番号と氏名の境界である半角スペースを指定しています。引数「対象」にはB4セルを指定しています。引数「開始位置」は省略しているので、先頭から検索されます。B4セルは「4 恵良 孝信」であり、半角スペースが最初に現れる位置は2文字目なので、「2」が得られます。

　FIND 関数で調べた半角スペースの位置を使って、利用者番号を切り出す処理は LEFT 関数で行っています。LEFT 関数は指定した文字列の先頭から、指定した文字数だけ取り出す関数です。

LEFT(文字列, 文字数)	
文字列	文字列
文字数	取り出す文字数

　今回は引数「文字列」にはB4セルを指定しています。引数「文字数」には「FIND(" ",$B4)-1」を指定しています。FIND関数で調べた半角スペースの位置から1を引いた数であり、その文字数だけB4セルの文字列の先頭から取り出すことになります。すると、B4セルの文字列から半角スペースの1文字前まで取り出されるので、利用者番号の部分のみが切り出せるのです。

　たとえばB4セルは「4 恵良孝信」であり、半角スペースの位置がFIND関数によって2とわかります。その2から1を引いた文字数をLEFT関数で取り出すため、「4」が得られます。この仕組みによって、利用者番号が2桁以上でも対応可能となっています。

　LEFT関数で切り出した利用者番号は文字列として扱われます。VLOOKUP関数の引数「検索値」は今回、数値として検索したいので、文字列のままでは意図通り検索できません。同じ「4」でも文字列なのか数値なのかで別のデータになってしまうからです。そこで、数字の文字列を数値に変換するVALUE関数を利用します。

VALUE(文字列)	
文字列	数字の文字列

　これで、B4セルの文字列から、利用者番号の数値を得られます。その数値がVLOOKUP関数の引数「検索値」に用いられることになり、意図通り検索できるようになり、氏名のデータをワークシート「利用者マスタ」から抽出可能となるのです。D列の性別やE列の介護度のデータも同様です。

3 「記録票」の帳票を作成しよう

本節では、帳票として、ワークシート「記録票」を作成します。ワークシート「データ」から必要なデータを抽出・転記して帳票を作成する方法を解説します。

データ抽出に用いる INDEX 関数のキホン

　本章では、ブック「業務管理.xlsx」のワークシート「記録票」の帳票を作成します。機能はChapter 1 の 3 で紹介した通り、ワークシート 3 枚目の「記録票」の A2 セルに、ワークシート 1 枚目の「データ」における目的の行番号を入れると、該当行の各列のデータを各セルに転記するというものです。

　たとえば、ワークシート「記録票」の A2 セルに行番号として 5 を入力したとします。すると、ワークシート「データ」の行番号 5 の行から、A 列「日付」のデータをワークシート「記録票」の A8 セル、C 列「氏名」のデータをワークシート「記録票」の A12 セルに抽出して転記します。他の列のデータも同様です。ただし、D18 セルの「脳トレ」と D19 セルの「メドマー」と D20 セルの「干渉波」は、ワークシート「データ」のデータが「実施」なら「○」と表示し、そうでなければ何も表示しないとします。そのような機能を本節にて作成します。

図 6-3-1 ワークシート「記録票」の完成形

　そのような抽出／転記を行う方法は何通りか考えられますが、今回は INDEX 関数を利用した方法を採用することにします。INDEX 関数は指定した範囲から、指定した行番号および列番号の交点に位置するセルを検索し、その値を返す関数です。基本的な書式は次の通りです。

INDEX(配列, 行番号, 列番号)	
配列	検索するセル範囲
行番号	行番号の数値
列番号	列番号の数値

たとえば、次の画面のように A3～C5 セルにデータが格納された表があるとします。A1 セルに INDEX 関数を次のように入力したとします。すると、A1 セルには「京都」と表示されます。

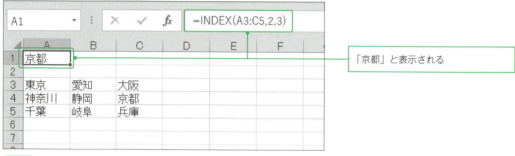

図 6-3-2

`=INDEX(A3:C5,2,3)`

引数「配列」には表のセル範囲である A3～C5 セルを指定しています。引数「行番号」には 2、引数「列番号」には 3 を指定しています。よって、A3～C5 セル範囲の 2 行目と 3 列目の交点に位置する C4 セルが検索され、その値である「京都」が表示されたのです。

INDEX 関数で帳票に必要なデータを抽出／転記

以上が INDEX 関数の基礎です。では、ワークシート 3 枚目の「記録表」の各セルに、ワークシート 1 枚目の「データ」から目的のデータを INDEX 関数で抽出・転記する数式を考えて入力していきましょう。最初に「日付」の A8 セルに入力すべき数式を考えます。この A8 セルに目的の INDEX 関数の数式を入力したら、その後で他のセルにコピーして展開するとします。

まずは A8 セルの INDEX 関数の引数「配列」を考えます。データはワークシート「データ」の表から抽出・転記したいのでした。よって、検索するセル範囲はワークシート「データ」の表になるので、引数「配列」にはそのセル範囲を指定すればよいことになります。

ワークシート「データ」には現在、データは A4～M25 セルに格納されています。引数「配列」には「データ!A4:M25」と指定してもよいのですが、VLOOKUP 関数の引数「範囲」と同じく、今後データが追加されて行数が増えても自動で対応できるよう、列名のみで指定します。後で他セルにコピーすることを考え、絶対参照で「データ!$A:$M」と指定しましょう。

`=INDEX(データ!$A:$M`

引数「行番号」ですが、ワークシート「記録表」のA2セルには、ワークシート「データ」における目的の行番号が入れられるのでした。したがって、引数「行番号」にはA2セルを指定します。こちらも後でコピーすることを考え、「$A$2」と絶対参照で指定します。

引数「列番号」ですが、ワークシート「データ」の表では、「日付」のデータはA列に格納されています。A列は1列目なので1を指定します。

`=INDEX(データ!$A:$M,$A$2,1)`

これでワークシート「記録票」のA8セルに入力すべきINDEX関数の数式がわかりました。さっそく入力してみましょう。

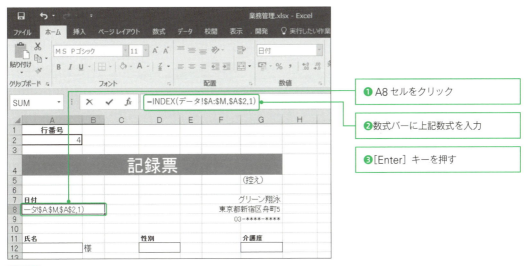

図 6-3-3

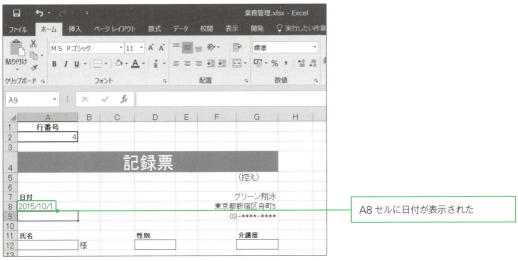

図 6-3-4

画面の例では、ワークシート「記録表」のA2セルには4を入力しています。A8セルに抽出・転記された日付は、ワークシート「データ」の表（A～M列）において、4行目と1列目（A列）の交点にあるA4セルのデータになります。

なお、A8セルは現在、「2015/10/1」といった表示形式ですが、この後で「平成27年10月1日（木）」といった表示形式に変更します。

ワークシート「記録表」のA8セルに目的のINDEX関数を入力できたところで、その他のセルにも数式をコピーして展開しましょう。ワークシート「データ」のデータを同様に抽出・転記すればよいので、同様にINDEX関数を入力します。

いずれのセルも引数「配列」に指定する検索対象のセル範囲は、「日付」のA8セルの数式と同じです。よって、ワークシート「データ」のA～M列全体を絶対参照指定します。引数「行番号」も同じく、A2セルに入力された数値を絶対参照で指定します。引数「列番号」は、各データのワークシート「データ」における列番号を指定します。

以上を踏まえると、各セルには次のようにINDEX関数を入力すればよいことになります。

`=INDEX(データ!$A:$M,$A$2,3)`

▲A12セル：「氏名」　転記元データはワークシート「データ」のC列（列番号3）

`=INDEX(データ!$A:$M,$A$2,4)`

▲D12セル：「性別」　転記元データはワークシート「データ」のD列（列番号4）

`=INDEX(データ!$A:$M,$A$2,5)`

▲G12セル：「介護度」　転記元データはワークシート「データ」のE列（列番号5）

`=INDEX(データ!$A:$M,$A$2,6)`

▲A15セル：「体温」　転記元データはワークシート「データ」のF列（列番号6）

`=INDEX(データ!$A:$M,$A$2,7)`

▲D15セル：「血圧（上）」　転記元データはワークシート「データ」のG列（列番号7）

`=INDEX(データ!$A:$M,$A$2,8)`

▲G15セル：「血圧（下）」　転記元データはワークシート「データ」のH列（列番号8）

`=INDEX(データ!$A:$M,$A$2,9)`

▲A18セル：「入浴」　転記元データはワークシート「データ」のI列（列番号9）

`=INDEX(データ!$A:$M,$A$2,13)`

▲A23セル：「特記＆メモ」　転記元データはワークシート「データ」のM列（列番号13）

これらの数式をそれぞれコピー＆貼り付けなどで入力してください。すると、「脳トレ」「メドマー」「干渉波」以外のセルは、A2セルに入力した行番号のデータがワークシート「データ」から抽出・転記されます。次の画面では、A2セルには4が入力されているとします。A2セルの値を変更すると、その値に応じて抽出・転記されるデータが変更されます。

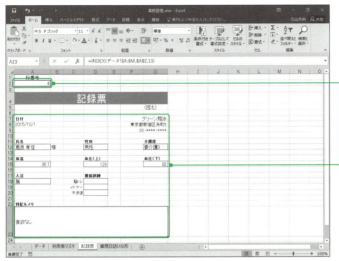

A2セルに4が入力されているので、「データ」の行番号4のデータが抽出・転記されている。A2セルの値を変更すると、抽出・転記されるデータ内容も変わる

図 6-3-5

「特記＆メモ」のセル番地：
「特記＆メモ」のセルはA23～G23セルを結合しています。その場合、セル番地は結合領域の左上に位置するA23のものを使います。また、結合したセルを選択すると名前ボックスに、使用すべきセル番地が表示されるので、そこで確認するとよいでしょう。名前ボックスは数式バーの左隣にあります。

「脳トレ」と「メドマー」と「干渉波」のセル

　次に、D18セルの「脳トレ」とD19セルの「メドマー」とD20セルの「干渉波」に目的の数式を入力します。今回はワークシート「データ」のデータが「実施」なら「〇」と表示し、そうでなければ何も表示しないようにします。
　D18～20セルにはどのような数式を入力すればよいのでしょうか？　他のセルと同様のINDEX関数を入力すると、そのまま「実施」と表示されてしまいます。そこで、IF関数を用います。IF関数とは、指定した論理式の条件が成立する場合と成立しない場合で、それぞれ指定した値や数式を表示できる関数です。

IF(論理式, 真の場合, 偽の場合)	
論理式	条件を判定する論理式を指定
真の場合	論理式が成立する場合に表示する値や数式
偽の場合	論理式が成立しない場合に表示する値や数式

　このIF関数と先ほどのINDEX関数を組み合わせて、目的の機能を実現します。ワークシート「データ」のデータが「実施」なら「○」と表示したいなら、まずはワークシート「データ」のデータが「実施」かどうかを判定する必要があります。

　その条件の論理式は、たとえばD18セルの「脳トレ」の場合、ワークシート「データ」ではデータはJ列（列番号10）に格納されています。A2セルで指定した行のJ列のセルを抽出／転記するには、先ほどと同様にINDEX関数を使うと次の数式になります。

```
INDEX(データ!$A:$M,$A$2,10)
```

　この抽出・転記したデータが「実施」かどうか判定するには、等しいかどうかを判定する比較演算子「=」を使い、文字列「実施」と等しいか比較する論理式を記述すればよいことになります。

```
INDEX(データ!$A:$M,$A$2,10)="実施"
```

　これで目的の条件の論理式がわかりました。後はこの論理式をIF関数の引数「論理式」に指定します。そして、引数「真の場合」は文字列「○」を表示したいので「"○"」と指定します。引数「偽の場合」は何も表示しないので、空の文字列「""」を指定します。以上を踏まえると、「脳トレ」のD18セルには次の数式を入力すればよいことになります。

```
=IF(INDEX(データ!$A:$M,$A$2,10)="実施","○","")
```

　さっそくD18セルに入力してみましょう。A2セルには4が入力されているとします。

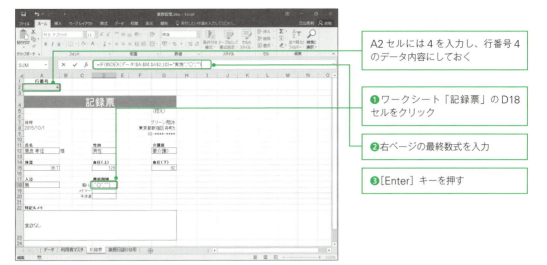

図 6-3-6

図 6-3-7

　ワークシート「データ」の行番号 4 の J 列を見ると、「実施」が入っているので、ワークシート「記録票」の D18 セルには、IF 関数によって「○」と表示されました。
　残りの「メドマー」の D19 セル、「干渉波」の D20 セルにも同様の数式を入力しましょう。「脳トレ」の D18 セルと変わるのは、INDEX 関数の引数「列番号」のみです。

=IF(INDEX(データ!$A:$M,$A$2,11)="実施","○","")

▲ D19 セル：「メドマー」　転記元データはワークシート「データ」の K 列（列番号 11）

=IF(INDEX(データ!$A:$M,$A$2,12)="実施","○","")

▲ D20 セル：「干渉波」　転記元データはワークシート「データ」の L 列（列番号 12）

これでD18セルの「脳トレ」とD19セルの「メドマー」とD20セルの「干渉波」は、A2セルの入力した行番号に該当するワークシート「データ」のデータが「実施」なら「○」と表示され、そうでなければ何も表示されないようにできました。

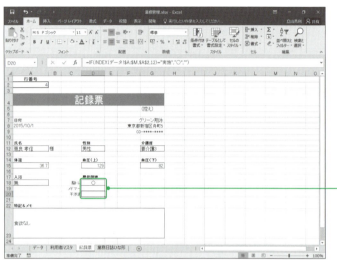

行番号4の場合は、ワークシート「データ」の「メドマー」「干渉波」の列はともに「実施」は入っていないので、何も表示されない

図6-3-8

また、このような文字列「実施」かどうかで判別する論理式のIF関数で「○」の表示を制御しているので、ワークシート「データ」側のデータが入力方法Bや入力方法Cのケースのように、実施していない場合は「無」が入力されていても問題なく対応できます。

日付の表示形式を設定する

ワークシート「記録票」のA8セルは「日付」のデータのセルであり、現在は「2015/10/1」など、年月日が「/」で区切られた形式で表示されています。この表示形式はExcelの標準の日付の形式になります。

この表示形式のままでもよいのですが、練習を兼ねて別の表示形式に変更してみましょう。今回は「平成27年10月1日（木）」といった表示形式に変更するとします。年月日は和暦の元号に「年」と「月」と「日」の漢字と数値で日付を表示し、かつ、曜日の1文字を全角カッコで囲む表示形式です。時刻は表示しないとします。

表示形式の変更は、「セルの書式設定」ダイアログボックスの［表示形式］タブで行います。目的の表示形式は標準で用意されていないため、［ユーザー定義］からオリジナルの表示形式として新たに作成します。ゼロから作成してもよいのですが、「平成27年10月1日」などといった和暦年月日の表示形式が標準で用意されているので、それをカスタマイズして作成します。

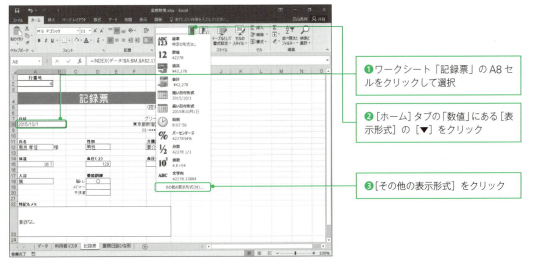

図 6-3-9

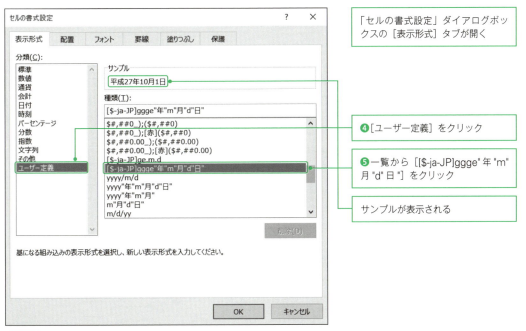

図 6-3-10

　「種類」のボックスに「[$-411]ggge"年"m"月"d"日"」が設定されます。この表示形式が標準で用意されている和暦年月日になります。「サンプル」欄に例が表示されます。

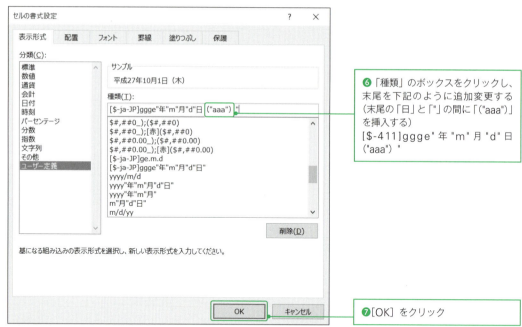

図6-3-11

「サンプル」欄：
「種類」のボックスを編集すると、「サンプル」欄にリアルタイムで反映されます。

A8セルの日付が目的の形式に変更されました。

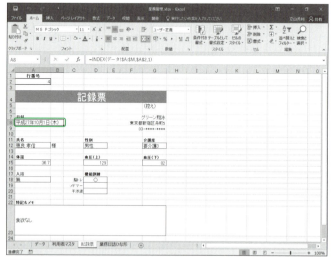

図6-3-12

今回新たに作成した表示形式について簡単に解説します。表示形式は「書式記号」という仕組みで設定します。「[$-411]ggge」は和暦の年を表す書式記号です。元号も表示されます。「m」は月、「d」は日を表す書式記号です。書式記号とともに、「"」で囲むと固定の文字列を表示できるので、「" 年 "」「" 月 "」「" 日 "」をそれぞれ付けています。

「aaa」は曜日の省略形を表す書式記号です。たとえば火曜日なら「火」と、漢字の曜日名の冒頭の 1 文字で表示されます。「" 日 ("」と「") "」の間に「aaa」と記述することで、「日」に続けて曜日の漢字一文字をカッコ内に表示しています。

また、時刻は今回表示しないので、時刻を表す書式記号は一切記述していません。

図 6-3-13

このように Excel では、セルの表示形式を設定することで、日付／時刻をさまざまな形式で表示できます。Excel では日付／時刻を表す元データを「シリアル値」と呼び、「2015/10/1 8:23:08」といった形式で表されます。このシリアル値が入ったセルの表示形式を変更することで、元データはそのままに、和暦など多彩な形式で日付／時刻を表示することができます。

日付／時刻をシリアル値で入力すると、さまざまな計算や関数で利用できますが、「平成 27 年 10 月 1 日」など、目的の形式の文字列そのままで入力してしまうと利用できません。皆さんが今後、Excel で日付／時刻を扱う際、目的の形式の文字列をそのまま入力するのではなく、「2015/10/1」といったシリアル値でデータを入力し、その後で表示形式を変更するようにしましょう。

> **シリアル値の正体：**
> Excel の内部的には、日付は 1900 年 1 月 1 日を 1 とする日数を整数で表し、時分秒は 1 日を 24 時間とする小数で表すデータとして扱います。この形式の数値のデータがシリアル値です。

記録票を印刷する

　本節で作成した記録表はChapter 1の3で紹介した通り、利用者ごとに毎日作成して、2部印刷します。そのうち1部は利用者に渡し、1部は控えとして事業者側で保管するため、控えはG6セルに「(控え)」と入れるようにします。「(控え)」がありとなしの印刷プレビューは下図になります。

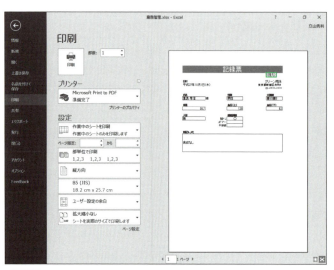

図 6-3-14 「(控え)」ありの印刷プレビュー画面

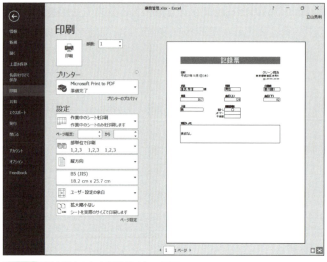

図 6-3-15 「(控え)」なしの印刷プレビュー画面

　2部印刷する際、G6セルの「(控え)」」を毎回手作業で追加／削除するのは非常に手間です。そもそも2部印刷するため、印刷を2回実行するのも手間です。それらの作業は次章にてマクロで自動化します。

印刷の手順：
［ファイル］タブの［印刷］をクリックします。すると、「印刷」画面に切り替わり、画面右側にプレビューが表示されます。紙に印刷するには、左上の［印刷］ボタンをクリックします。

COLUMN

セル上に数式を表示してチェック

　本節で作成したワークシート「記録票」のように、複数のセルに異なる数式をそれぞれ入力する場合、各数式が正しく入力されているかチェックしたくなるケースはよくあります。その場合、各セルをひとつずつ選択して数式バーに数式を表示していては非常に面倒です。

　そこで［数式］タブの「ワークシート分析」にある［数式の表示］をクリックしてオンにすると、各セルの数式がセル内に表示されるモードに切り替わります。そのため、複数の数式を効率よくチェックできます。元の表示に戻すには、［数式の表示］を再度クリックしてオフにしてください。なお、日付／時刻を直接入力しているセルでは、データがシリアル値で表示されます。

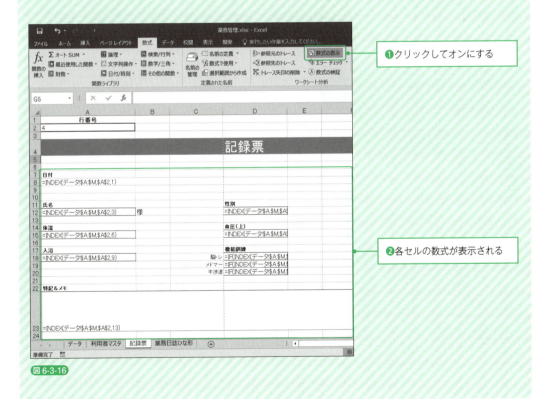

図 6-3-16

4 業務日誌のひな形を作成しよう

業務日誌のひな形であるワークシート「業務日誌ひな形」を作成します。その中で、ワークシート「データ」にある目的のデータの集計を関数で行う方法を解説します。

本節で作成する機能と日付の表示形式設定

本節では、ブック「業務管理.xlsx」のワークシート4枚目の「業務日誌ひな形」を作成します。Chapter 1の3で紹介した通り、このワークシート「業務日誌ひな形」をコピーして、日々の業務日誌を作成していきます。

業務日誌のワークシート内の機能としては、A6セルに目的の日付を入力すると、10～21行目の各集計欄のセルにて、ワークシート「データ」上の該当する日付のデータを元に、それぞれ集計を行うとします。ここで各集計欄を再提示しておきます。

B10、E10、H10セル	その日の利用者の総数、男性の人数、女性の人数を集計します。
B13～B14、E13～E15、H13～H14セル	その日の要支援1～2、要介護1～5の人数を集計します。
B18～20セル	入浴の「有」、「無」、「清拭」の人数を集計します。
E18～20セル	「脳トレ」と「メドマー」と「干渉波」の実施した人数を集計します。

表 6-4-1

たとえば、ワークシート「業務日誌のひな形」のB6セルに「2015/10/1」と入力すると、各集計欄のセルには集計の結果が以下のように表示されます。

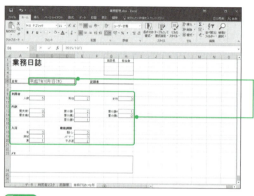

B6セルに日付を入力すると、その日付のデータを元にした集計結果が表示される

図 6-4-1

このような機能を備えたワークシート「業務日誌のひな形」の集計欄を本節では作成します。集計は今回、COUNTIFS関数で行います。各集計欄のセルに、集計を行うために必要なCOUNTIFS関数の数式を入力していきます。

　その前に、B6セルの表示形式を設定しておきましょう。B6セルの表示形式はChapter 1の3で紹介した通り、和暦＋カッコ付き曜日にします。前節のワークシート「記録票」のA8セルのためにオリジナルで作成した表示形式と同じになります。この表示形式は前節にて、ユーザー定義によって作成済みなので、以降は選ぶだけで設定できます。

　ここでは、B6セルに日付として「2015/10/1」を数式バーに入力するようにします。前節の最後で解説したシリアル値の形式になります。現時点では表示形式が「標準」のままなので、「2015/10/1」と表示されます。以下の手順で表示形式を変更してください。

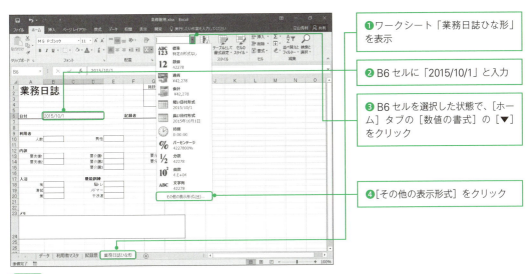

図 6-4-2

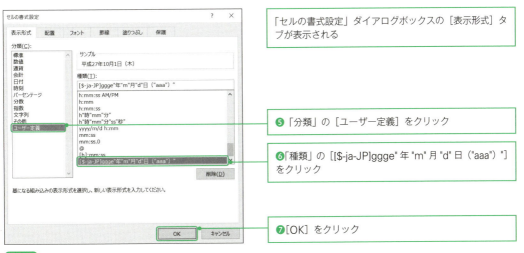

図 6-4-3

B6セルに目的の表示形式を設定できました。

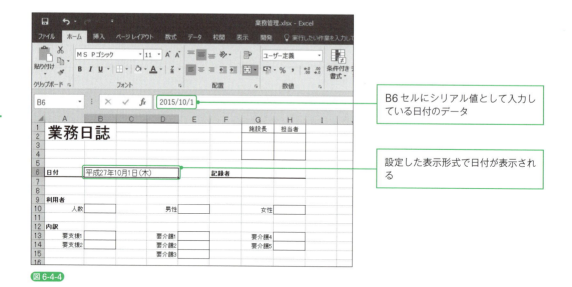

図 6-4-4

COUNTIFS関数のキホン

それでは、集計欄の数式を入力していきます。まずはCOUNTIFS関数の基本的な使い方を学びましょう。COUNTIFS関数は指定した条件に一致するセルの個数を返す関数です。書式は次の通りです。

COUNTIFS(検索条件範囲1, 検索条件1, 検索条件範囲2, 検索条件2・・・)	
検索条件範囲	条件の評価の対象となるセル範囲
検索条件	条件の内容

条件を複数指定できる点が大きな特徴です。複数の条件がすべて同時に一致するセルの個数を返します。

条件は検索条件範囲と検索条件の2つのセットで指定します。引数「検索条件範囲」には、条件を満たすかどうか調べたいセル範囲を指定します。引数「検索条件」には、条件となる数値や文字列や条件式を指定します。そして、条件の数だけセットの数が増えることになります。

ここでCOUNTIFS関数の簡単な例を紹介します。次の画面のように、A2～A15セルに日付、B2～B15セルに商品のデータが入った表があるとします。集計の例としてD1セルに、日付が「2015/10/3」で、なおかつ、商品が「バナナ」であるセルの個数を求めたいとします。目的のCOUNTIFS関数の数式は下記になります。

```
=COUNTIFS(A2:A15,"2015/10/3",B2:B15,"バナナ")
```

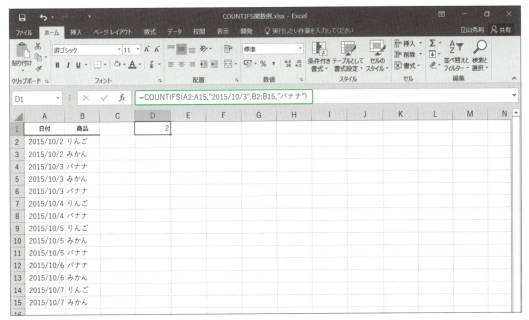

図6-4-5

　条件のセットは2つ指定しています。1つ目の条件は日付が「2015/10/3」かどうかです。引数「検索条件範囲」には、日付の入ったセル範囲であるA2～A15セルを指定します。引数「検索条件」には、目的の日付である「2015/10/3」を指定します。日付や文字列を直接指定する場合は「"」で囲います。条件式を指定する場合も「"」で囲います（実例はこの後すぐに紹介します）。

　2つ目の条件は商品が「バナナ」かどうかです。引数「検索条件範囲」には、商品の入ったセル範囲であるB2～B15セルを指定します。引数「検索条件」には、目的の商品である「バナナ」を文字列として指定します。

　D1セルには、2という集計結果が表示されます。表のデータを見ると、日付が「2015/10/3」で、なおかつ、商品が「バナナ」であるセルは確かに2つ（行番号4と6）であるとわかります。

　2つ目の例としてD2セルに、日付が「2015/10/3」から「2015/10/5」の間で、なおかつ、商品が「バナナ」であるセルの個数を求めたいとします。目的のCOUNTIFS関数の数式は下記になります。

```
=COUNTIFS(A2:A15,">=2015/10/3",A2:A15,"<=2015/10/5",B2:B15,"バナナ")
```

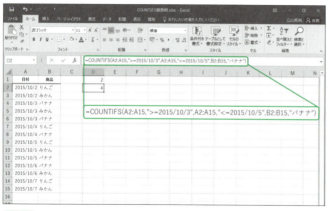

図 6-4-6

条件のセットは 3 つ指定しています。最初の 2 つのセットによって、日付が「2015/10/3」から「2015/10/5」の間という条件を指定しています。1 つ目のセットでは引数「検索条件」を「">=2015/10/3"」と指定しています。「～以上」という意味の比較演算子「>=」を用いることで、「2015/10/3 以降」という意味の条件を指定しています。このように比較演算子を用いた式を指定する際は、比較演算子を含めて全体を「"」で囲います。

2 つ目のセットでは引数「検索条件」を「"<=2015/10/5"」と指定しています。「～以下」という意味の比較演算子「<=」を用いることで、「2015/10/5 以前」という意味の条件を指定しています。

これら 1 つ目の条件「2015/10/3 以降」と 2 つ目の条件「2015/10/5 以前」が同時に成立するということは、日付が「2015/10/3」から「2015/10/5」の間にあるという条件になります。このように日付の範囲の条件を指定するには、比較演算子を用いた条件式のセットを 2 つ組み合わせます。

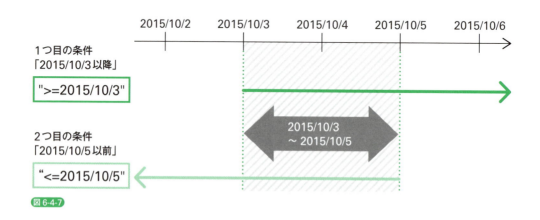

図 6-4-7

そして、3つ目の条件として、商品が「バナナ」かどうかを設けていますので、全体では計3つの条件が同時に成立するかどうかを判定します。したがって、日付が「2015/10/3」から「2015/10/5」の間で、なおかつ、商品が「バナナ」であるという条件になります。

D2セルには、4という集計結果が表示されます。表のデータを見ると、日付が「2015/10/3」から「2015/10/5」の間で、なおかつ、商品が「バナナ」であるセルは確かに4つ（行番号4と6と8と11）であるとわかります。

> **COUNTIF関数：**
> COUNTIF関数は単一の条件に一致するセルの個数を返す関数です。

人数を集計しよう

COUNTIFS関数の基本を学んだところで、ブック「業務管理.xlsx」のワークシート「業務日誌ひな形」の各集計欄のセルに、目的の集計を行うための数式をそれぞれ設定していきましょう。

まずは利用者の人数を集計するB10セルです。その日の人数は、その日のデータの件数と等しいため、単純にデータ件数を数えればよいことになります。そのためにCOUNTIFS関数を用いて、ワークシート「データ」のA列「日付」の中から、ワークシート「業務日誌ひな形」のB6セルに入力した日付と同じセルの個数を求めます。

引数「検索条件範囲」には、ワークシート「データ」のA列を指定します。データが増えても対応できるよう、列番号のみで「データ!A:A」と指定します。引数「検索条件」には、目的の日付が入っているB6セルを指定します。いずれも、後ほど他の集計欄のセルにコピーして展開することも視野に入れ、絶対参照で指定することとします。

以上を踏まえると、ワークシート「業務日誌ひな形」のB10セルには次のようなCOUNTIFS関数の数式を指定すればよいことがわかります。

```
=COUNTIFS(データ!$A:$A,$B$6)
```

さて、上記のCOUNTIFS関数の数式を実際にB10セルへ入力すると、入力方法B～入力方法Dで入力したデータなら、人数の集計は問題なく行えます。Googleスプレッドシートやn Android／iOS版Excelアプリ、Windows版Excelフォームでは、日付は年と月と日だけを「/」で区切った形式で入力しました。そのように日付のデータが年月日だけなら、上記数式で人数を集計できます。

しかし、入力方法AのGoogleフォームで入力したデータの場合、意図通り集計できません。Googleフォームでは日付が自動で入力されるのですが、その際に時刻のデータも自動で付加されてしまいます。そのように日付に時刻も含まれるデータの場合、COUNTIFS関数では、時刻も込みでB6セルと同じかどうか判定されることになります。

B6セルには日付しか入力しないため、時刻は自動的に「00:00:00」と見なされます。たと

えば B6 セルに「2015/10/1」と入力したら、「2015/10/1 00:00:00」と見なされます。一方、ワークシート「データ」の A 列のデータには、「2015/10/1 10:25:43」など時刻も含まれます。よって、B6 セルと比較した際、時刻が異なるので、同じデータのセルとは判定されません。すると、意図通り集計できなくなってしまいます。

この場合、意図通り COUNTIFS 関数で人数を集計するには、引数「検索条件」の指定に一工夫が必要になります。引数「検索条件」を「B6 セルの日付と同じかどうか」とするのではなく、「B6 セルの日付から、B6 セルの日付の 1 日後までの間かどうか」にします。この条件なら、時刻がいつであろうと、B6 セルの日付かどうかを判定できるようになります。

日付の範囲の条件を設定するには、先ほど COUNTIFS 関数の例で紹介した、比較演算子を用いた条件式を 2 つ組み合わせる方法を用います。1 つ目の条件では、引数「検索条件範囲」は同じく「データ !$A:$A」ですが、引数「検索条件」は変わります。「B6 セルの日付から」ということで、「~以上」の比較演算子「>=」を用いた条件式にします。

引数「検索条件」に条件式を指定する場合は「"」で囲う必要があるのでした。しかし、目的の条件式をそのまま「"」で囲って、「">=$B$6"」と指定してしまうと、B6 セルの参照や比較が正しく行われません。B6 セルに入っているデータを比較するのではなく、「$B$6」という文字列と等しいかどうか比較されてしまいます。

そのような問題を解決するため、& 演算子を利用します。& 演算子は文字列を連結する演算子です。「>=」という文字列と、B6 セルに入っている日付の文字列を & 演算子で連結すれば、目的の条件式になります。

```
">="&$B$6
```

たとえば、B6 セルに「2015/10/2」という日付が入っているなら、「$B$6」は「2015/10/2」になります。その日付の文字列を & 演算子で「>=」の後ろに連結します。すると、文字列「>=2015/10/2」になります。よって引数「検索条件」に「">="&$B$6」と指定すると、ちょうど「">=2015/10/2"」と指定したのと同じことになるのです。

続けて、2 つ目の条件を考えましょう。引数「検索条件範囲」は同じく「データ !$A:$A」です。引数「検索条件」には、「B6 セルの日付の 1 日後まで」という意味の条件を指定する必要があります。

1 日後の日付は、単純に日付のデータ（シリアル値）に 1 を足すだけで求められます。たとえば、B6 セルに入っている日付の 1 日後なら、「B6+1」と記述します。もし、B6 セルに「2015/10/2」という日付が入っているなら、1 日後の日付である「2015/10/3」が求められます。

2 つ目の条件の引数「検索条件」はこの仕組みを利用し、「B6 セルの日付の 1 日後まで」という条件にするため、比較演算子「<」を用いて次のように記述します。

```
"<"&$B$6+1
```

1つ目の条件と同様に&演算子を利用します。用いる比較演算子は「<=」ではなく「<」です。「<=」とすると、1日後の日付の00:00:00まで含まれてしまうため、意図通り比較できなくなることを避けるために「<」を用います。

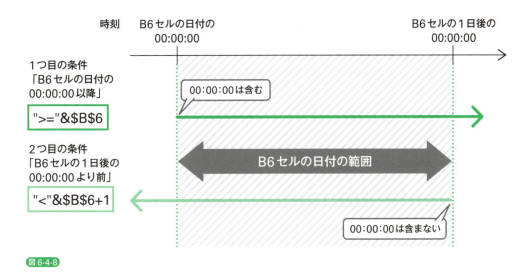

図 6-4-8

以上を踏まえると、ワークシート「業務日誌ひな形」のB10セルに人数を集計して求めるために、以下のCOUNTIFS関数の数式を指定すればよいことがわかります。

=COUNTIFS(データ!$A:$A,">="&$B$6,データ!$A:$A,"<"&$B$6+1)

では、上記数式をワークシート「業務日誌ひな形」のB10セルに入力してください。すると、5という集計結果が表示されます。

図 6-4-9

B6 セルには現在、「2015/10/1」が入力してあります。ワークシート「データ」のデータを見ると、確かに A 列の日付が「2015/10/1」のデータは 5 件（行番号 4〜8）であることが確認できます。

さらにこの 5 件のデータの A 列のセルをクリックして選択した後に数式バーを見ると、日付に時刻も含まれていることが確認できます。時刻込みでも、ワークシート「業務日誌ひな形」の B6 セルに入力した日付で利用者の人数を集計できました。

> **日付の計算：**
> 日付の足し算は月や年をまたぐ場合にも対応できます。たとえば B6 セルに「2015/10/31」と月末の日付が入っているなら、「B6+1」で翌月 1 日の日付である「2015/11/1」が求められます。また、指定した数を足せば、その日数ぶん後の日付を求められます。さらに引き算によって、指定した日数だけ前の日付を求めることも可能です。

残りの項目も集計しよう

ワークシート「業務日誌ひな形」の集計欄の残りのセルも、同様に COUNTIFS 関数で集計する数式を設定しましょう。引き続き、日付のデータには時刻も含まれているとします。

次は E10 セルの「男性」を集計します。B6 セルの日付で、なおかつ、性別が「男性」であるセルの数を求めます。B6 セルの日付かどうかの条件は、先ほどの人数と同じく、2 つの条件を組み合わせる方法で指定できます。それに加えて、「男性」かどうかを判定する条件も、3 つ目の条件として設ければ、目的の集計が可能となるでしょう。

「男性」かどうかを判定するには、引数「検索条件範囲」と「検索条件」をどのように指定すればよいのでしょうか。性別のデータはワークシート「データ」の D 列に入っています。そのデータが「男性」かどうか判定すればよいので、引数「検索条件範囲」は「データ!$D:$D」、引数「検索条件」は「"男性"」と指定すればよいことになります。この 3 つ目の条件を追加すると、E10 セルには次のような COUNTIFS 関数の数式を指定すればよいことになります。

```
=COUNTIFS(データ!$A:$A,">="&$B$6,データ!$A:$A,"<"&$B$6+1,データ!$D:$D,"男性")
```

この数式でも間違いではないのですが、集計したい「男性」というデータは項目名として、すぐ左隣の D10 セルに入っているので、その値を使うよう、3 つ目の条件の引数「検索条件」に「D10」を指定してみましょう。他にコピーして展開できるよう、D10 セルは相対参照で指定します。

```
=COUNTIFS(データ!$A:$A,">="&$B$6,データ!$A:$A,"<"&$B$6+1,データ!$D:$D,D10)
```

では、上記数式をワークシート「業務日誌ひな形」の E10 セルに入力してください。すると、2 という集計結果が表示されます。

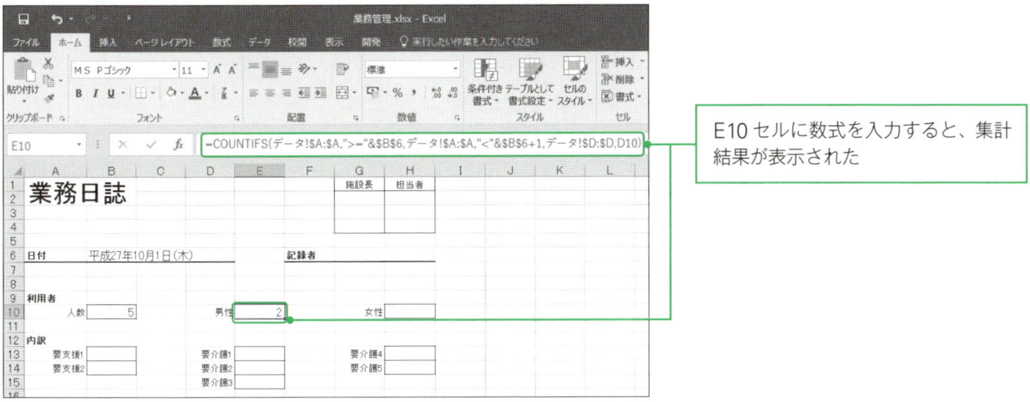

図6-4-10

ワークシート「データ」のデータを見ると、確かにA列の日付が「2015/10/1」で、D列が「男性」データは2件（行番号4～5）であることが確認できます。

続けて、ワークシート「業務日誌ひな形」のH10セルの「女性」を集計します。先ほど設定したE10セルの数式をコピーし、H10セルに貼り付けてください。すると、3つ目の条件の引数「検索条件」のD10セルのみ相対参照で指定しているため、貼り付けると「女性」が入っている左隣のG10セルに自動で変更され、目的の集計が可能な数式になります。

=COUNTIFS(データ!$A:$A,">="&$B$6,データ!$A:$A,"<"&$B$6+1,データ!$D:$D,G10)

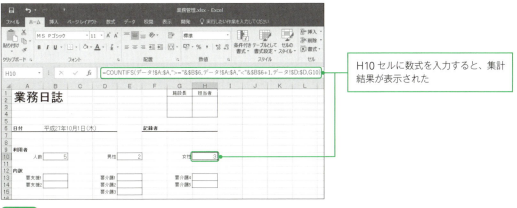

図6-4-11

H10セルには3という集計結果が表示されます。ワークシート「データ」のデータを見ると、確かにA列の日付が「2015/10/1」で、D列が「女性」データは3件（行番号6～8）であることが確認できます。

以下同様に、残りの集計欄のセルにもCOUNTIFS関数の数式を設定しましょう。各セルの数式は次の通りになります。どのセルも3つ目の条件の引数「検索条件範囲」が、ワークシート「データ」における該当列になり、引数「検索条件」が集計欄の左隣のセルになります。

B13～H14セルに設定したいCOUNTIFS関数の数式では、いずれも3つ目の条件の引数「検

索条件範囲」はワークシート「データ」のE列です。そのため、B13セル「要支援1」の数式を設定したら、残りのセルにコピー＆貼り付けた後、それぞれ3つ目の条件の引数「検索条件」を該当セルに変更すると効率よく設定できるでしょう。

`=COUNTIFS(データ!$A:$A,">="&$B$6,データ!$A:$A,"<"&$B$6+1,データ!$E:$E,A13)`

▲ B13セル「要支援1」

`=COUNTIFS(データ!$A:$A,">="&$B$6,データ!$A:$A,"<"&$B$6+1,データ!$E:$E,A14)`

▲ B14セル「要支援2」

`=COUNTIFS(データ!$A:$A,">="&$B$6,データ!$A:$A,"<"&$B$6+1,データ!$E:$E,D13)`

▲ E13セル「要介護1」

`=COUNTIFS(データ!$A:$A,">="&$B$6,データ!$A:$A,"<"&$B$6+1,データ!$E:$E,D14)`

▲ E14セル「要介護2」

`=COUNTIFS(データ!$A:$A,">="&$B$6,データ!$A:$A,"<"&$B$6+1,データ!$E:$E,D15)`

▲ E15セル「要介護3」

`=COUNTIFS(データ!$A:$A,">="&$B$6,データ!$A:$A,"<"&$B$6+1,データ!$E:$E,G13)`

▲ H13セル「要介護4」

`=COUNTIFS(データ!$A:$A,">="&$B$6,データ!$A:$A,"<"&$B$6+1,データ!$E:$E,G14)`

▲ H14セル「要介護5」

表6-4-2 B13〜B14、E13〜E15、H13〜H15セルの「内訳」

　B18〜E20セルに設定したいCOUNTIFS関数の数式では、いずれも3つ目の条件の引数「検索条件範囲」はワークシート「データ」のI列です。そのため、B18セル「有」の数式を設定したら、残りのセルにコピー＆貼り付けると効率よく設定できるでしょう。

`=COUNTIFS(データ!$A:$A,">="&$B$6,データ!$A:$A,"<"&$B$6+1,データ!$I:$I,A18)`

▲ B18セル「有」

`=COUNTIFS(データ!$A:$A,">="&$B$6,データ!$A:$A,"<"&$B$6+1,データ!$I:$I,A19)`

▲ B19セル「清拭」

`=COUNTIFS(データ!$A:$A,">="&$B$6,データ!$A:$A,"<"&$B$6+1,データ!$I:$I,A20)`

▲ B20セル「無」

表6-4-3 B18〜B20セルの「入浴」

　E18〜E20セルに設定したいCOUNTIFS関数の数式では、3つ目の条件の引数「検索条件範囲」がそれぞれ異なります。E18セル「脳トレ」ではワークシート「データ」のJ列、E19

セル「メドマー」ではK列、E20セル「干渉波」ではL列になります。いずれも引数「検索条件」は文字列「実施」かどうかを判定する必要があります。今回は「"実施"」と目的の文字列を直接指定するとします。

```
=COUNTIFS(データ!$A:$A,">="&$B$6,データ!$A:$A,"<"&$B$6+1,データ!$J:$J,"実施")
```
▲E18セル「脳トレ」

```
=COUNTIFS(データ!$A:$A,">="&$B$6,データ!$A:$A,"<"&$B$6+1,データ!$K:$K,"実施")
```
▲E19セル「メドマー」

```
=COUNTIFS(データ!$A:$A,">="&$B$6,データ!$A:$A,"<"&$B$6+1,データ!$L:$L,"実施")
```
▲E20セル「干渉波」
表6-4-4 E18〜E20セルの「機能訓練」

残りのすべての集計欄のセルに上記数式をそれぞれ設定すると、次の画面のように集計結果が表示されます。

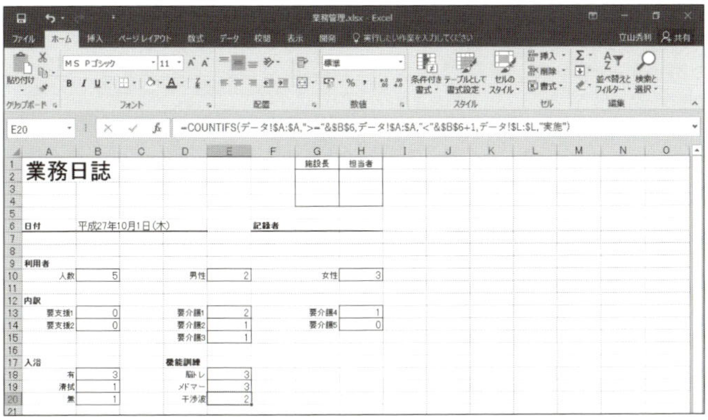

図6-4-12

繰り返しになりますが、B6セルの日付かどうかを判定するため、COUNTIFS関数の1つ目と2つ目の条件を組み合わせ、「〜から〜まで」という日付の範囲で判定する方法を用いているのは、日付に時刻も含まれるケースに対応するためです。本書で取り上げたデータ入力方法では、日付に時刻も含まれるのは入力方法AのGoogleフォームのみです。しかし、日付に時刻が含まれない他の方法で入力したデータでも、全く同じ数式のままで集計できます。その上、もし将来時刻も含めて日付を記録したいとなった場合に、そのままの数式で対応できる狙いも含め、Googleフォーム以外の入力方法を採用した場合でも、日付の範囲で判定にしておくと汎用性がより高まります。

ただし、数式が複雑になってしまう欠点があります。そのため、Googleフォーム以外の入力手段を採用した場合、どうしても数式が見づらく編集しづらいのでシンプルにしたい要望が強く、なおかつ、時刻も含めて日付を記録することが将来皆無とわかっているなら、日付の判定は人数

の集計で最初に解説したシンプルな形式にしてももちろん構いません。その場合、日付を判定する条件は1つで済み、引数「検索条件範囲」は「データ!$A:$A」、引数「検索条件」は「$B$6」になります。

業務日誌を作成してみよう

　ワークシート「業務日誌ひな形」が完成したところで、ためしに業務日誌を作成してみましょう。今回は2015年10月2日ぶんの業務日誌を作成するとします。

　業務日誌はChapter 1の3で紹介した通り、ワークシート「業務日誌ひな形」をコピーして作成します。コピー先は今回、ワークシートの末尾とします。

　コピーしたワークシートの名前は、その日の日付（形式は西暦年と月と日の数値に「年」と「月」と「日」を付ける）に設定するのでした。ワークシート名は今回、「2015年10月2日」に設定することになります。

　その2015年10月2日のワークシート内では、B6セルに目的の日付である「2015/10/2」を入力します。さらには、G6セルに記録者の名前、A24セルに申し送りなどのメモを入力します。

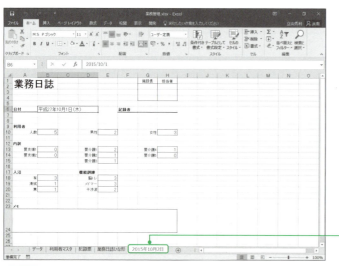

❶ワークシート「業務日誌ひな形」を末尾にコピーする

ワークシート「業務日誌ひな形（2）」が末尾に追加される

❷ワークシート名を「2015年10月2日」に変更する

図6-4-13

ワークシートを末尾にコピーするには：
ワークシートの見出しを右クリックし、［移動またはコピー］をクリックします。「移動またはコピー」ダイアログボックスが表示されるので、「挿入先」にて［（末尾へ移動）］を選択します。［コピーを作成する］にチェックを入れ、[OK]をクリックします。

ワークシート名を変更するには：
ワークシートの見出しをダブルクリックすると、カーソルが点滅し、ワークシート名が編集可能な状態になります。目的の名前に変更したら［Enter］キーを押して確定します。

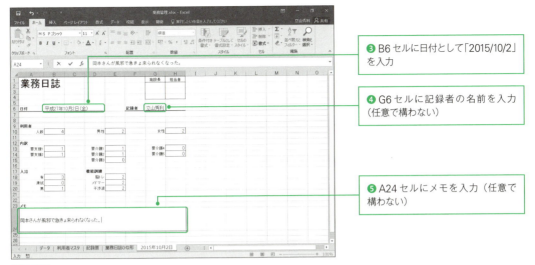

図 6-4-14

別ブックに業務日誌を作成

　先ほどは2015年10月2日の業務日誌を作成した際、ワークシート「業務日誌ひな形」をブック「業務管理.xlsx」にコピーしました。同様に毎日、同じブック内にコピーしていくと、業務日誌のワークシートの枚数が膨大な数に増えてしまい、管理しづらくなるでしょう。

　そのような問題を解決するのに、業務日誌を別のブックに分ける方策も有効です。今回はその例として、1ヶ月ごとにブックを用意するとします。ブック名は今回、「業務日誌」に続けて、西暦年の数値と「年」、月の数値と「月」を付けたものとします。たとえば、2015年10月のブックなら「業務日誌2015年10月.xlsx」となります。そのように別途用意した月ごとのブックへ、ブック「業務管理.xlsx」のワークシート「業務日誌ひな形」をコピーするとします。

　それでは、月ごとのブックを新たに用意しましょう。今回は2015年10月のブックを用意するとします。Excelで新規ブックを作成し、「業務日誌2015年10月.xlsx」で保存してください。保存場所はブック「業務管理.xlsx」と同じフォルダーとします。作成した後は閉じずに、開いたままにしておいてください。

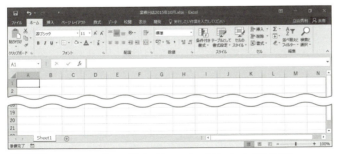

図 6-4-15　Excelで新規ブック「業務日誌2015年10月.xlsx」を作成する

ブック「業務日誌 2015 年 10 月 .xlsx」のワークシート：
Excel の標準設定で最初から用意されるものだけになります。画面の例では、Excel 2016 で最初から用意される「Sheet1」のみになります。

今回はブック「業務管理 .xlsx」のワークシート 4 枚目の「業務日誌ひな形」を、「業務日誌 2015 年 10 月 .xlsx」の末尾にコピーすることとします。そして、業務日誌は 2015 年 10 月 3 日のものを作成します。ワークシートの名前は今回、日数の数値に「日」を付けただけのものとします。たとえば 2015 年 10 月 3 日の業務日誌なら、ワークシート名は「3 日」となります。

ワークシート名について：
ブックを年・月ごとに分けるため、ワークシート名に年・月は不要という考え方のもと、日付のみとしています。よりシンプルな形になり、見やすく扱いやすくなります。

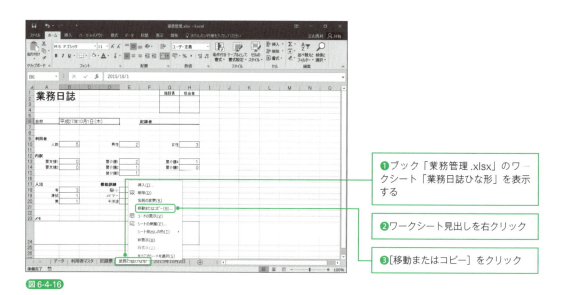

図 6-4-16

「移動またはコピー」ダイアログボックスが開きます。

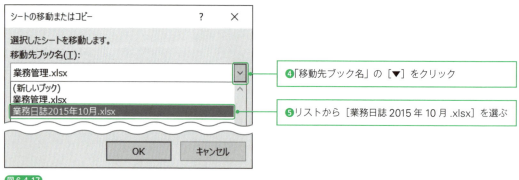

図 6-4-17

> **コピー先ブックは開いておく：**
> コピー先のブック「業務日誌2015年10月.xlsx」が閉じていると、「移動先ブック名」のリストに同ブックが表示されません。

「挿入先」の一覧がブック「業務日誌2015年10月.xlsx」のワークシートに切り替わります。

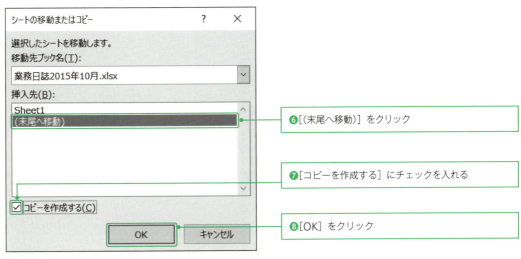

図 6-4-18

ブック「業務日誌2015年10月.xlsx」に切り替わり、ワークシート「業務日誌ひな形」が末尾にコピーされます。あとはワークシート名を設定し、B6セルの日付、G6セルの記録者、A24セルのメモを入力します。

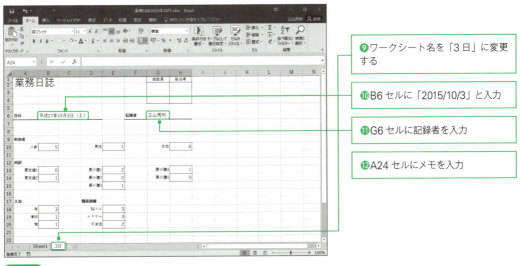

図 6-4-19

なお、このようにブックを分けた場合、ブック「業務日誌2015年10月.xlsx」でのCOUNTIFS関数による集計は、ブック「業務管理.xlsx」のワークシート「データ」にあるデータを参照して行うことになります。それゆえ、ブック「業務管理.xlsx」を閉じた状態で、ブック「業務日誌2015年10月.xlsx」を開くと、画面のようにエラーになってしまうので注意してください。エラーとなったセルには「#VALUE!」と表示されます。関数の引数などに指定された数値や参照先の値が不適切な場合に生じるエラーです。

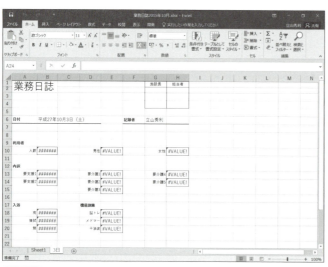

図6-4-20 エラー表示の例

別ブックのセルを参照：

ワークシート「業務日誌2015年10月.xlsx」にコピーした業務日誌のワークシートでは、COUNTIFS関数の引数はワークシート「業務管理.xlsx」のワークシート「データ」を参照するよう、コピー時に自動で変更されます。各引数はワークシート名の前に「[業務管理.xlsx]」というブックを表す記述が自動で追加されることになります。数式バーなどで確認しておくとよいでしょう。

Excel VBA で自動化して業務を効率化する

1	タブレットのデータのコピーを自動化しよう　その1	220
2	タブレットのデータのコピーを自動化しよう　その2	235
3	記録票の印刷を自動化しよう	244
4	業務日誌の作成を自動化しよう　その1	254
5	業務日誌の作成を自動化しよう　その2	264

CHAPTER 7

CHAPTER 7

1 タブレットのデータのコピーを自動化しよう　その1

本節では、タブレットで入力したデータを、Excelのブックにコピーする操作を自動化する方法を解説します。自動化はマクロを利用して行います。

自動コピーの機能と完成形の紹介

　Chapter 6の1では、「利用記録（回答）.xlsx」など、タブレットで入力したデータが格納されているブックから、活用のためのブック「業務管理.xlsx」のワークシート「データ」へ、データをコピーしました。その際、氏名等のデータをVLOOKUP関数で別表から抽出する関係で、列「日付」から「利用者番号」までと、列「体温」以降を2回に分けてコピーする必要がありました。その上、2回目以降のコピーでは、表の末尾に追加するかたちでコピーしていく必要もありました。

　Chapter 6の1でも触れましたが、それらのコピーを手作業で毎回行うのは手間であり、ミスの恐れも常につきまといます。そこで、本節ではそのコピー操作をマクロで自動化します。目的のマクロは機能の複雑さなどの関係で、「マクロの記録」機能では作成できないため、VBA（Visual Basic for Applications）でプログラミングして作成します。

　タブレットで入力したデータが格納されているブックから、ブック「業務管理.xlsx」へデータをコピーする操作において、はじめてコピーする場合はChapter 6の1で解説した通りにデータをコピーすることになりますが、2回目以降は1回目でコピーしたデータの差分のみを表の末尾に追加するかたちでコピーするとします。

　差分の判定方法は何通りか考えられますが、今回は日付のデータで判定します。たとえば、1回目のコピーで2015/10/1から2015/10/3までのデータをコピーしたとするなら、2回目のコピーでは2015/10/4以降のデータのみを、表の末尾に追加でコピーする、といったかたちになります。差分のみをコピーする方法のほうが、データが格納されているブック（コピー元ブック）の表で以前のデータを修正・削除したり、活用のためのブック（コピー先ブック）の表でデータをあとで加工したりしたなど、さまざまなケースに対してより柔軟に対応できるメリットがあります（毎回全データをコピーすると、修正や加工を行ったデータがすべて上書きされてしまいます）。

　そのように差分をコピーする関係で、今回、自動コピーのマクロは図の2種類を作成するとします。両者はタブレットへの入力方法に応じて使い分けることになります。

　「自動コピー1」はタブレットで入力したデータの表が1つのみのケースです。「自動コピー2」はタブレットで入力したデータの表が2つ以上になるケースです。ブックが「利用記録1」、「利用記録2」……という名前で、タブレットごとに存在するケースになります。自動コピー1は本節で、自動コピー2は次節で解説します。

自動コピー1	自動コピー2
データの差分となる日付を自動判定してコピー	データの差分となる日付をユーザーが指定してコピー
対象とする入力方法 Ⓐ Google フォーム Ⓑ Google スプレッドシート（タブレット1台） Ⓒ iOS／Android 版 Excel アプリ（タブレット1台） Ⓓ Windows 版 Excel のフォーム（タブレット1台）	対象とする入力方法 Ⓑ Google スプレッドシート（タブレット複数台） Ⓒ iOS／Android 版 Excel アプリ（タブレット複数台） Ⓓ Windows 版 Excel のフォーム（タブレット複数台）

図7-1-1

COLUMN

なぜ、自動コピー1と自動コピー2を使い分ける必要があるのか

　自動コピー1で対象とする入力方法 A の場合、および入力方法 B～入力方法 D でタブレットが1台の場合、データは1つの表に時系列で順番に入力されることになります。そのため、差分をコピーするなら、活用のためのブック（コピー先）の表の末尾の日付を調べ、タブレットで入力した表にてその日付より後のデータを判定して、コピーすればよいことになります。

　一方、自動コピー2で対象とする入力方法 B～入力方法 D でタブレットが複数台の場合、データはタブレットごと複数の表に時系列で順番に入力されることになるので、同じ日に複数のタブレットで入力すれば、同じ日付のデータが複数の表に存在することになります。そのため、複数の表から同じ日付のデータを、活用のためのブックの表へそれぞれコピーする必要があります。

　その場合、もし、活用のためのブックの表の末尾の日付以降のデータを自動判定してコピーしようとすると、1台目のタブレットで入力したデータは意図通りコピーできますが、2台目以降のタブレットで入力したデータは意図通りコピーできません。なぜなら、活用のためのブックの表の末尾の日付は、1台目のタブレットで入力したデータの日付であり、2台目以降のタブレットで入力したデータは日付が同じであるため、差分と見なされないからです。

　自動コピー2ではそのような問題を回避するため、データの差分の基準となる日付をユーザーが指定するのです。指定した日付以降のデータをコピーするようにすれば、2台目以降のタブレットで入力したデータも一律にコピーできるようになります。

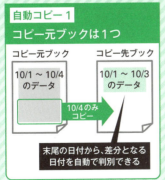
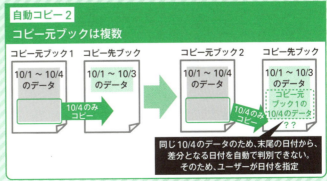

図7-1-2

自動コピー1によるマクロの完成形を先に解説します。今回は活用のためのブック（コピー先ブック）である「業務管理.xlsx」のワークシート「データ」に［データコピー］ボタンを設け、同ボタンからマクロを実行することとします。ボタンは「角丸四角形」の図形で作成し、文言は「データコピー」とします。
　また、タブレットで入力したデータが格納されているブック（コピー元ブック）は、今回「ファイルを開く」ダイアログボックスで指定することとします。
　では、自動コピー1のマクロの操作方法と実行結果をいくつかの場合にわけて紹介します。以下の画面では、コピー元ブックは「利用記録（回答）.xlsx」としており、データは2015/10/1〜2015/10/5の計22件が入力されていて、「業務管理」フォルダーに保存されていることとします。

はじめてコピーする場合

　データ活用のためのブック（コピー先ブック）のワークシート「データ」には、データは1件も存在しない状態です。

図7-1-3

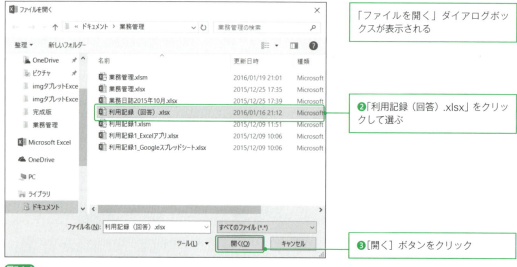

図7-1-4

ワークシート「データ」にブック「利用記録（回答）.xlsx」から、2015/10/1～2015/10/5の計22件のデータが自動でコピーされます。

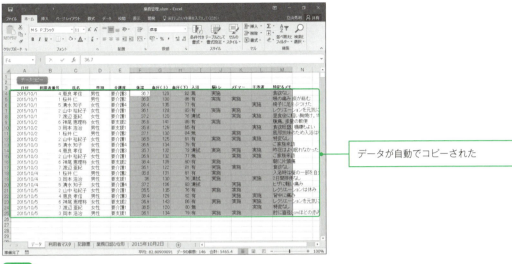

図7-1-5

データが自動でコピーされた

2回目以降コピーする場合

　データ活用のためのブック（コピー先ブック）のワークシート「データ」には、データは2015/10/1～2015/10/3の計14件がコピー済みとします。

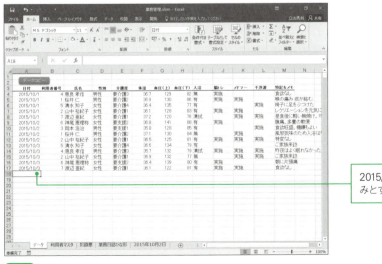

図7-1-6

2015/10/3までのデータがコピー済みとする

❶〜❸の手順で実行すると、差分となる 2015/10/4〜2015/10/5 の計 8 件のデータのみが、表の末尾に追加されるかたちでコピーされます。

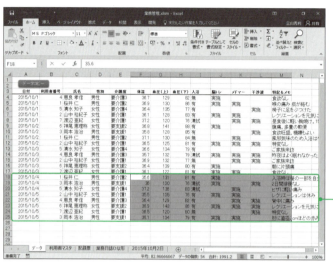

図7-1-7

すべてコピー済みの際の処理

　コピー元のデータがすべてコピー済みにもかかわらず、再度コピーを試みようとすると、「最新データをコピー済みです。」というメッセージボックスが表示され、コピーが実行されずに終了します。

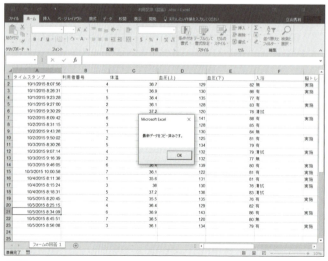

図7-1-8

マクロを作成しよう

それでは、自動コピー1のマクロをブック「業務管理.xlsx」に実装しましょう。プログラムは下記になります。Subプロシージャ名は「データ自動コピー1」とします。

以下のコードをすべて手入力するのは大変なので、完成版のブックを「業務管理7-1.xlsm」として、本書ダウンロードファイルに用意しておきました。手入力が面倒なら、完成版のブックからコードをコピー＆貼り付けしてください（テキストファイル「7-1.txt」としてもコードを用意しましたので、そちらからコピーして貼り付けても構いません）。

```
1   Option Explicit
2
3   Sub データ自動コピー1()
4       '定数宣言
5       Const WS_ORG_NO As Long = 1                 'コピー元ワークシート番号
6       Const WS_DST_NAME As String = "データ"      'コピー先ワークシート名
7       Const RW_ORG_STRT As Long = 2               'コピー元の開始行番号
8       Const CL_ORG_DATE As String = "A"           'コピー元の日付の列
9       Const CL_ORG_ID As String = "B"             'コピー元の利用者番号の列
10      Const CL_ORG_TMPR As String = "C"           'コピー元の体温の列
11      Const CL_ORG_LAST As String = "J"           'コピー元の最終列
12      Const CL_DST_DATE As String = "A"           'コピー先の日付の列
13      Const CL_DST_TMPR As String = "F"           'コピー先の体温の列
14
15      '変数宣言
16      Dim fl As Variant           'コピー元ブック名（パス付き）
17      Dim wbOrg As Workbook       'コピー元ブック
18      Dim wsOrg As Worksheet      'コピー元ワークシート
19      Dim wsDst As Worksheet      'コピー先ワークシート
20      Dim cData As Range          'コピー元セル範囲
21      Dim rwOrgBgn As Long        'コピー元セル範囲の開始行番号
22      Dim rwOrgEnd As Long        'コピー元セル範囲の終了行番号
23      Dim rwDstBgn As Long        'コピー先の開始行番号
24      Dim cDstLast As Range       'コピー先の表の末尾セル
25
26      On Error GoTo myErr         'エラートラップ開始
27
28      'コピー元ブックを開く
29      fl = Application.GetOpenFilename    'ブックを指定
30      If fl = False Then  'キャンセルがクリックされた際の処理
31          MsgBox "キャンセルがクリックされました。"
32          Exit Sub
33      End If
34
35      Set wbOrg = Workbooks.Open(Filename:=fl)  'ブックを開く
36
37      'コピー元／先のワークシートを設定
38      Set wsOrg = wbOrg.Worksheets(WS_ORG_NO)
```

```
39     Set wsDst = ThisWorkbook.Worksheets(WS_DST_NAME)
40
41     'コピー元セル範囲の開始行番号を初期化
42     rwOrgBgn = RW_ORG_STRT
43
44     'コピー元セル範囲の終了行番号を設定
45     rwOrgEnd = wsOrg.Cells(Rows.Count, CL_ORG_DATE).End(xlUp).Row
46
47     'コピー先の表の末尾セルを取得
48     Set cDstLast = wsDst.Cells(Rows.Count, CL_DST_DATE).End(xlUp)
49
50     'コピー先セル範囲の行番号を末尾セルの1行下に設定
51     rwDstBgn = cDstLast.Row + 1
52
53
54     'コピー元セル範囲の開始行番号を設定
55     If IsDate(cDstLast.Value) = True Then 'データが0件でないか判定
56       Do While cDstLast.Value >= _
57         wsOrg.Cells(rwOrgBgn, CL_ORG_DATE).Value
58         'コピー元と先で末尾セルが同じ日付の場合の処理
59         If rwOrgBgn = rwOrgEnd Then
60           MsgBox "最新データをコピー済みです。"
61           wbOrg.Close 'コピー元ブックを閉じる
62           Exit Sub
63         End If
64
65         'コピー元の開始行番号を1行進める
66         rwOrgBgn = rwOrgBgn + 1
67       Loop
68     End If
69
70     '日付～利用者番号をコピー
71     Set cData = wsOrg.Range(CL_ORG_DATE & rwOrgBgn _
72       & ":" & CL_ORG_ID & rwOrgEnd)
73     cData.Copy
74     wsDst.Range(CL_DST_DATE & rwDstBgn) _
75       .PasteSpecial Paste:=xlPasteValues
76
77     '体温以降の列をコピー
78     Set cData = wsOrg.Range(CL_ORG_TMPR & rwOrgBgn _
79       & ":" & CL_ORG_LAST & rwOrgEnd)
80     cData.Copy
81     wsDst.Range(CL_DST_TMPR & rwDstBgn) _
82       .PasteSpecial Paste:=xlPasteValues
83
84     Application.CutCopyMode = False 'コピーモード解除
85     wbOrg.Close 'コピー元ブックを閉じる
86     Exit Sub
87 myErr:
88     MsgBox "エラーが発生しました。"
89 End Sub
```

コードを以下の手順で「業務管理.xlsx」に組み込みます。作成後はマクロ有効ブックとして別途保存する必要があります。

プログラムを記述

❶ ブック「業務管理.xlsx」を開く

❷ ［Alt］＋［F11］キーを押す

「開発」タブを表示済みなら、［Visual Basic］をクリックしてもよい

図7-1-9 「業務管理.xlsx」を開く

VBE が開きます。

VBE を開く方法：
［Alt］＋［F11］キーは VBE を開くためのショートカットキーです。もし、Chapter 5 で［開発］タブを表示済みなら、［開発］タブの［Visual Basic］をクリックしても開くことができます。

❸ VBE のメニューバーの［挿入］をクリック

❹ ［標準モジュール］をクリック

図7-1-10

　「Module1」が新たに挿入されて、右側のコードウィンドウ上に開き、コードが入力可能になります。

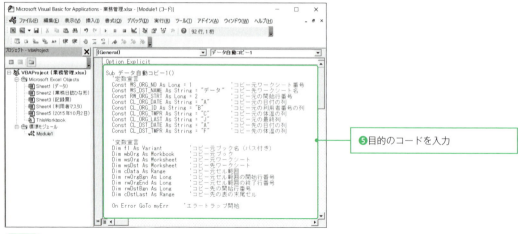

図7-1-11

[データコピー] ボタンを設け、プログラムを実行できるよう登録

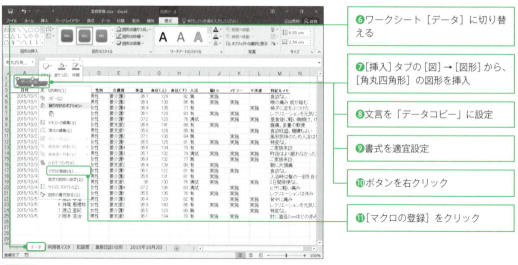

図7-1-12

> 今回設定するスタイル：
> 画面では、図形のスタイルは［光沢 - オレンジ、アクセント 2］に設定しています。文言の
> フォントサイズは 10、配置は［上下中央揃え］と［中央揃え］に設定しています。

「マクロの登録」ダイアログボックスが表示されます。

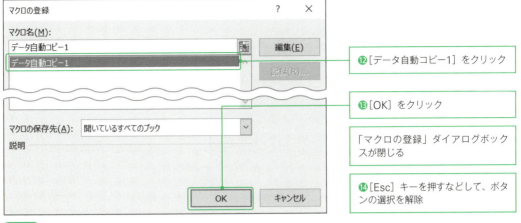

⑫ [データ自動コピー1] をクリック

⑬ [OK] をクリック

「マクロの登録」ダイアログボックスが閉じる

⑭ [Esc] キーを押すなどして、ボタンの選択を解除

図7-1-13

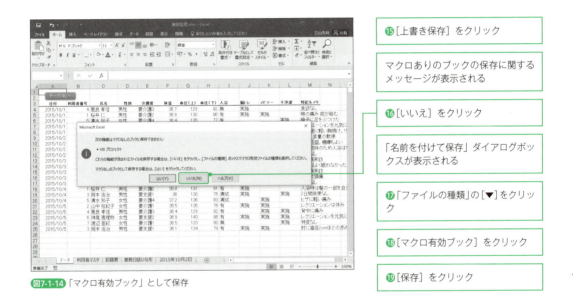

⑮ [上書き保存] をクリック

マクロありのブックの保存に関するメッセージが表示される

⑯ [いいえ] をクリック

「名前を付けて保存」ダイアログボックスが表示される

⑰ 「ファイルの種類」の [▼] をクリック

⑱ [マクロ有効ブック] をクリック

⑲ [保存] をクリック

図7-1-14 「マクロ有効ブック」として保存

これでマクロ有効ブックとして保存されます。

マクロのカスタマイズ例

　読者の皆さんがご自分の業務などに応用できるよう、プログラムの変更方法を解説します。ご自分の業務にあわせてカスタマイズしたい際、プログラムのどの箇所をどのように編集すればよいのか、ポイントを絞って解説します。
　今回はワークシート、および表の位置の変更方法を解説します。Sub プロシージャ「データ自動コピー1」では、ワークシート、およびコピー元ブックの表とコピー先ブックの表の位置は下記の定数で指定しています。定数を宣言している箇所は Sub プロシージャの冒頭になります。

4	'定数宣言	
5	Const WS_ORG_NO As Long = 1	'コピー元ワークシート番号 ❶
6	Const WS_DST_NAME As String = "データ"	'コピー先ワークシート名 ❷
7	Const RW_ORG_STRT As Long = 2	'コピー元の開始行番号 ❸
8	Const CL_ORG_DATE As String = "A"	'コピー元の日付の列 ❹
9	Const CL_ORG_ID As String = "B"	'コピー元の利用者番号の列 ❺
10	Const CL_ORG_TMPR As String = "C"	'コピー元の体温の列 ❻
11	Const CL_ORG_LAST As String = "J"	'コピー元の最終列 ❼
12	Const CL_DST_DATE As String = "A"	'コピー先の日付の列 ❽
13	Const CL_DST_TMPR As String = "F"	'コピー先の体温の列 ❾

　ワークシートは定数「WS_ORG_NO」と定数「WS_DST_NAME」で指定しています。定数「WS_ORG_NO」はコピー元ブックでデータが格納されているワークシートの番号です。左側を先頭として、1から始まる連番でワークシートを定義しています。コピー元ブックでデータが格納されているワークシートを変更したい場合は、「=」の後ろをそのワークシートの連番に書き換えてください。

　定数「WS_DST_NAME」はコピー先ブックにて、データをコピーするワークシート名を文字列として定義しています。データをコピーするワークシート名を変更したい場合は、文字列「データ」の部分を変更後の名前に書き換えてください。

　コピー元ブックの表とコピー先ブックの表の位置は、以降の各定数によって行と列で指定しています。各定数に該当する行／列は次の図の通りです。

■コピー元ブック（利用記録1.xlsm）など

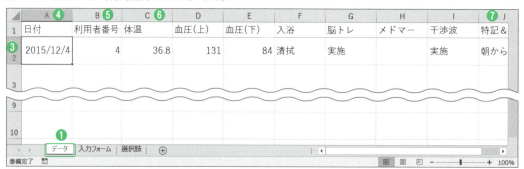

■コピー先ブック（業務管理.xlsm）

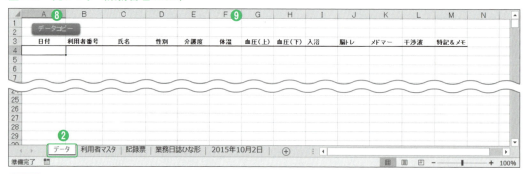

図7-1-15 定数と対応する行&列

たとえば、コピー元データの表を 3 行下に移動したければ、コピー元の開始行番号を定義している定数「RW_ORG_STRT」の値を現在の 2 から、3 行下である 5 に変更してください。

▼変更前

| Const RW_ORG_STRT As Long = 2 | 'コピー元の開始行番号 |

▼変更後

| Const RW_ORG_STRT As Long = 5 | 'コピー元の開始行番号 |

　また、コピー先の表の位置を 2 列右に移動したければ、コピー先の列を定義している定数「CL_DST_DATE」と「CL_DST_TMPR」を 2 列右の列番号に書き換えてください。

▼変更前

| Const CL_DST_DATE As String = "A" | 'コピー先の日付の列 |
| Const CL_DST_TMPR As String = "F" | 'コピー先の体温の列 |

▼変更後

| Const CL_DST_DATE As String = "C" | 'コピー先の日付の列 |
| Const CL_DST_TMPR As String = "H" | 'コピー先の体温の列 |

> **列を数値で指定**
> 列の定数は文字列を定義していますが、数値で定義しても構いません。その場合は定数のデータ型を Long 型に変更したうえで、A 列を 1 とする連番で列を定義してください。

コピー先の開始行番号：
コピー先の開始行番号は自動で取得し、変数「rwDstBgn」に格納する処理手順としているため、定数として用意する必要はないプログラムとなっています。したがって、コピー先の表の位置を変更し、コピー先の開始行番号が移動しても、プログラムを書き換える必要はなく、自動で対応できます。

COLUMN

コピーの分割数を増やしたい場合

　Sub プロシージャ「データ自動コピー1」では、データのコピーは列「日付」から列「利用者番号」までと、列「体温」から最終列（列「特記＆メモ」）までの2つに分割して行っています。

　もし、読者の皆さんがこのプログラムを自分の業務に応用する際、3つ以上に分割してコピーしたければ、コード84行目「Application.CutCopyMode = False 'コピーモード解除」の前に、下記の形式のコードを追加してください。処理内容は、コメント「' 日付～利用者番号をコピー」の処理一式と同じになります。

```
Set cData = wsOrg.Range(コピー元開始列 & rwOrgBgn _
    & ":" & コピー元終了列 & rwOrgEnd)
cData.Copy
wsDst.Range(コピー先列 & rwDstBgn) _
    .PasteSpecial Paste:=xlPasteValues
```

　上記の「コピー元開始列」の部分には、分割した3つ目のコピー元セル範囲の開始列を指定してください。「コピー元終了列」の部分には、3つ目のコピー元セル範囲の終了列を指定してください。「コピー先列」の部分には、3つ目のコピー先となるセルの列を指定してください。いずれも列番号を文字列として直接記述するよりも、定数を定義して指定するほうが、のちの変更の際に便利です。

プログラムのポイントについて

　最後に、プログラムのポイントをいくつか絞り、簡単に解説します。プログラム自体の理解を深め、VBAのスキルを向上したい方はご一読ください。逆に「自分の業務で使えさえすればよく、プログラム自体はよくわからなくてもよい」という方は読み飛ばしても構いません。

01　プログラムのポイントについて：

　Sub プロシージャ「データ自動コピー1」の処理は大まかには、コピー元ブックからデータをコピーし、コピー先ブックへ貼り付けるという流れになります。そのコピー＆貼り付けの処理は、日付～利用者番号の列と体温以降の列の2回に分けて行っています。Chapter 6の1にて手動で行った操作をそのままVBAで自動化しています。

　コピー元ブックを「ファイルを開く」ダイアログボックスで指定する処理はコード29行目の Application オブジェクトの GetOpenFilename メソッドです。指定したコピー元ブックのパス付きファイル名が戻り値として得られ、変数「fl」に格納しています。

```
29   fl = Application.GetOpenFilename    'ブックを指定
```

GetOpenFilename メソッドは「ファイルを開く」ダイアログボックスで［キャンセル］がクリックされたら False を返します。コード 30～33 行目では、変数「fl」の値が False かどうかを判定し、［キャンセル］がクリックされたら、その旨のメッセージを表示した後、処理を途中で終了しています。

　なお、変数「fl」のデータ型を Variant 型にしているのは、パス付きファイル名という文字列型データと False という Boolean 型データが格納される可能性があるので、両者に対応可能とするためです。Variant 型にしなければ、実行時エラーとなってしまいます。

　コピー元ブックを実際に開く処理がコード 35 行目です。Workbooks コレクションの Open メソッドを用いています。開いたブックのオブジェクトが戻り値として得られるので、その後の処理に使うため、変数「wbOrg」に格納しています。

```
35  Set wbOrg = Workbooks.Open(Filename:=fl)    'ブックを開く
```

　データのコピー先（貼り付け先）の場所は、まずはコード 48 行目にて、ワークシート「データ」の表の末尾のセルのオブジェクトを取得し、変数「cDstLast」に格納しています。Chapter 5 でも登場した End プロパティを軸とする方法です（P165 参照）。末尾のセルの判定には日付の A 列を用いています。

```
48  Set cDstLast = wsDst.Cells(Rows.Count, CL_DST_DATE).End(xlUp)
```

　そして、コード 51 行目にて、Row プロパティで行番号を取得し、コピー先は表の末尾の 1 行下なので 1 を足した後に、変数「rwDstBgn」に格納しています。

　コピー元のデータも、まずは該当するセル範囲の開始行と終了行の行番号を取得しています。先にコード 45 行目にて、終了行番号を取得し、変数「rwOrgEnd」に格納しています。終了行のセルは末尾のセルになるため、そのオブジェクトの取得には、同じく End プロパティを軸とする方法を用いています。終了行の判定には、日付の A 列を用いています。

```
45  rwOrgEnd = wsOrg.Cells(Rows.Count, CL_ORG_DATE).End(xlUp).Row
```

　コピー元セル範囲の開始行番号を取得する処理は少々複雑です。その処理の骨格はコード 56～67 行目にある Do While...Loop ステートメントのループです。冒頭の 2 行は下記です。

```
56  Do While cDstLast.Value >= _
57          wsOrg.Cells(rwOrgBgn, CL_ORG_DATE).Value
```

　このループによって、コピー元データのセル範囲の開始行番号が変数「rwOrgBgn」に格納されます。ループの条件式では、コピー元の A 列にある日付のセルの値を先頭行から順番に見ていき、コピー先の表の末尾のデータの日付と同じ日付になるまで、変数「rwOrgBgn」の値を 1 ずつ増やすことで、行を進めながら判定しています。行を進める処理はコード 66 行目の「rwOrgBgn = rwOrgBgn + 1」です。この一連の処理によって、開始行番号を調べています。

その際、特殊な条件のチェックの処理として、コード55行目ではコピー元のデータが0件でないか判定したり、コード59～63行目では最新データをコピー済みか判定したりしています。

実際にコピーする処理はコード71～73行目です。列は日付～利用者番号の範囲です。

```
71  Set cData = wsOrg.Range(CL_ORG_DATE & rwOrgBgn _
72      & ":" & CL_ORG_ID & rwOrgEnd)
73  cData.Copy
```

コード71～72行目にてコピーするセル範囲のオブジェクトを変数「cData」に格納し、コード73行目にてCopyメソッドによってコピーしています。変数「cData」にはRangeオブジェクトを代入しています。引数に指定するセル範囲は、取得したコピー元データの開始行番号と終了行番号を使って、目的のセル範囲の文字列を&演算子で組み立てています。このコードの構造はP232のコラムを参照してください。

データを貼り付ける処理はコード74～75行目です。

```
74  wsDst.Range(CL_DST_DATE & rwDstBgn) _
75      .PasteSpecial Paste:=xlPasteValues
```

形式を選択して貼り付けるPasteSpecialメソッドを使い、形式を指定する引数Pasteには、値の貼り付けを意味する定数xlPasteValuesを指定しています。貼り付け先のセルの場所は、Rangeプロパティのセル番地に「CL_DST_DATE & rwDstBgn」と記述することで指定しています。日付の列の定数「CL_DST_DATE」、およびあらかじめ変数「rwDstBgn」に取得しておいた表の末尾の1行下の行番号を使って指定しています。

体温以降の列のデータのコピーも同じ仕組みの処理によって、コード78～82行目で行っています。

2 タブレットのデータのコピーを自動化しよう　その2

本節では、前節で紹介した自動コピー2 によって、タブレットのデータのコピーを自動化する方法を解説します。

自動コピー2 によるマクロの完成形

　最初に、自動コピー2 によるマクロの完成形を先に解説します。本マクロは前節で紹介した通り、データの差分となる日付をユーザーが指定してコピーします。指定した日付以降のデータがコピーされることになります。データの差分となる日付の指定は今回、活用のためのブック「業務管理.xlsm」（コピー先ブック）のワークシート「データ」のD1 セルに入力するとします。同セルに「西暦年 / 月 / 日」という Excel 標準の日付の形式（シリアル値）で入力するとします。
　この D1 セルに入力した日付以降のデータを、タブレットで入力したデータが格納されているブック（利用記録1.xlsx 等）からコピーします。たとえば、コピー先ブックのワークシート「データ」の表に、2015/10/1 から 2015/10/4 までの計 17 件のデータはすでにコピー済みとして、D1 セルには、2015/10/5 を入力したとします。

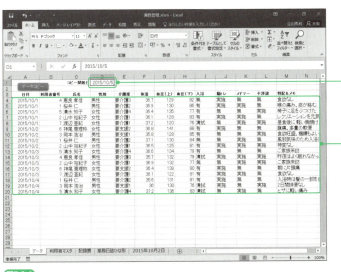

図7-2-1

　タブレットで入力したデータが格納されているブックは今回、「利用記録1.xlsx」と「利用記録2.xlsx」の2つとします。2015/10/5 のデータが、「利用記録1.xlsx」には3件、「利用記録1.xlsx」には2件入力されており、これら計 5 件の 2015/10/5 のデータをコピーしたいとします。

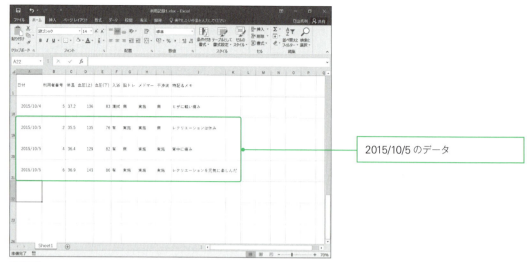

図7-2-2 利用記録1.xlsx

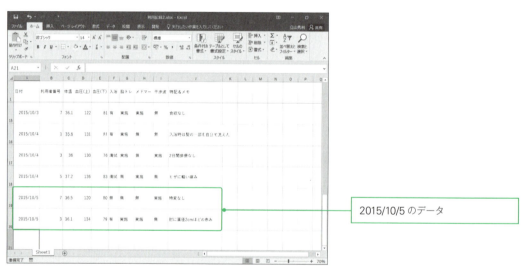

図7-2-3 利用記録2.xlsx

　マクロは自動コピー1と同じく、ワークシート「データ」上に図形で設けた[データコピー]ボタンをクリックで実行するとします。タブレットで入力したデータが格納されているブック（コピー元ブック）は、「ファイルを開く」ダイアログボックスで指定するとします。

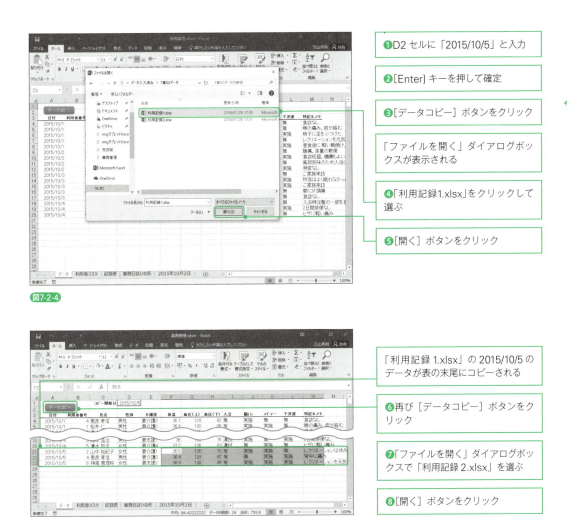

図7-2-4

図7-2-5

「利用記録2.xlsx」の2015/10/5のデータが表の末尾にコピーされます。最初にコピーした「利用記録1.xlsx」の2015/10/5のデータの後ろに追加でコピーされることになります。

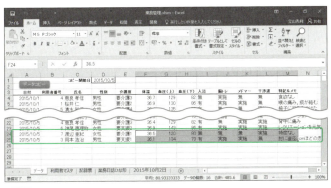

図7-2-6

> **サンプルデータ：**
> 本節の操作例で用いた「利用記録1.xlsx」と「利用記録2.xlsx」は、ダウンロードファイルの「Chapter7」フォルダー以下にある「Chapter7の2データ」フォルダーに用意しておきましたので、実際に試したい際にお使いください。

　このブックは加えて、ワークシート「データ」のD1セルに入力された日付のチェック機能も備えるとします。D1セルの値が下図のいずれかに該当するなら不適切と判断し、「コピー開始日を正しく入力してください。」というメッセージボックスを表示した後、コピーは行わずにプログラムを途中で終了するようにします。

- ・日付の形式ではない値が入力された
- ・コピー元データの最も古い日付より前の日付が入力された
- ・コピー元データの最も新しい日付より後の日付が入力された

図7-2-7

　たとえば、D1セルに文字列「タブレット」という日付ではない値を入力して実行すると、このようにメッセージボックスが表示されます。

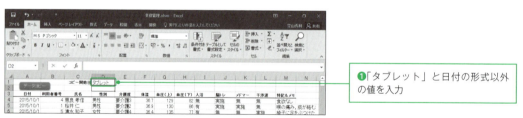

❶「タブレット」と日付の形式以外の値を入力

図7-2-8

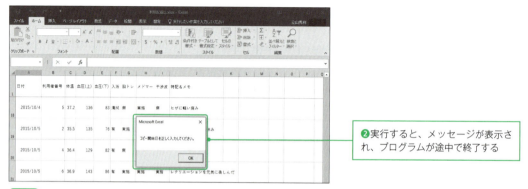

❷実行すると、メッセージが表示され、プログラムが途中で終了する

図7-2-9

COLUMN

必要に応じてコピー後にデータを並べ替えよう

上記の操作例では、2015/10/5 の 1 日ぶんのデータのみを「利用記録1.xlsx」と「利用記録2.xlsx」からコピーしました。本コラムでは、ワークシート「データ」には 2015/10/3 までのデータしかコピー済みであり、2015/10/4 から 2015/10/5 までの 2 日ぶんのデータを「利用記録1.xlsx」と「利用記録2.xlsx」からコピーしたいとします。

その場合、ワークシート「データ」の D1 セルには「2015/10/4」と入力してマクロを実行することになります。「利用記録1.xlsx」と「利用記録2.xlsx」を順にコピーすると、両ブックの 2015/10/4 から 2015/10/5 までのデータが行方向に並び、日付が連続しない状態になります。

日付を連続した状態になるようデータを並べ替えたければ、[データ]タブの「並べ替え」にある[昇順]をクリックしてください。

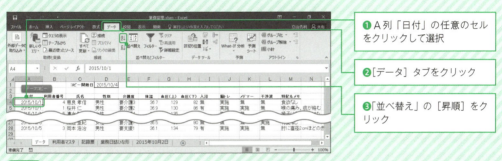

図7-2-10

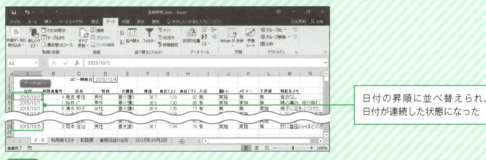

図7-2-11

なお、並べ替え操作もマクロによって自動化することができますが、その解説は割愛させていただきます。

> 昇順とはデータの小さい順です。日付の場合、早い日付が上になるよう並べ替えられます。降順はその逆になります。

マクロを作成しよう

　自動コピー2のマクロのプログラムは下記になります。Subプロシージャ名は「データ自動コピー1」とします。「業務管理.xlsx」への組み込み方は自動コピー1の手順（P227）と同じなので、そちらを参照してください。その際、D1セルに目的の日付のシリアル値を入力してください。C1セルには画面の例のように、「コピー開始日」と見出しを入れておくとよいでしょう。なお、「マクロの登録」ダイアログボックス（図7-1-13）では、登録するマクロは［データ自動コピー2］を選択してください。

　自動コピー1と同じく、完成版のブックを「業務管理7-2.xlsm」として、本書ダウンロードファイルに用意しておきましたので、コードを適宜コピー＆貼り付けしてください（テキストファイル「7-2.txt」としてもコードを用意しましたので、そちらからコピーして貼り付けても構いません）。

```vb
Option Explicit

Sub データ自動コピー2()
    '定数宣言
    Const WS_ORG_NO As Long = 1                 'コピー元ワークシート番号
    Const WS_DST_NAME As String = "データ"       'コピー先ワークシート名
    Const ADR_BGNDT As String = "D1"            'コピー開始日のセル番地
    Const RW_ORG_STRT As Long = 2               'コピー元の開始行番号
    Const CL_ORG_DATE As String = "A"           'コピー元の日付の列
    Const CL_ORG_ID As String = "B"             'コピー元の利用者番号の列
    Const CL_ORG_TMPR As String = "C"           'コピー元の体温の列
    Const CL_ORG_LAST As String = "J"           'コピー元の最終列
    Const CL_DST_DATE As String = "A"           'コピー先の日付の列
    Const CL_DST_TMPR As String = "F"           'コピー先の体温の列

    '変数宣言
    Dim fl As Variant           'コピー元ブック名（パス付き）
    Dim wbOrg As Workbook       'コピー元ブック
    Dim wsOrg As Worksheet      'コピー元ワークシート
    Dim wsDst As Worksheet      'コピー先ワークシート
    Dim cData As Range          'コピー元セル範囲
    Dim rwOrgBgn As Long        'コピー元セル範囲の開始行番号
    Dim rwOrgEnd As Long        'コピー元セル範囲の終了行番号
    Dim rwDstBgn As Long        'コピー先の開始行番号

    On Error GoTo myErr         'エラートラップ開始

    'コピー元ブックを開く
    fl = Application.GetOpenFilename    'ブックを指定
    If fl = False Then  'キャンセルがクリックされた際の処理
        MsgBox "キャンセルがクリックされました。"
        Exit Sub
```

```
33      End If
34
35      Set wbOrg = Workbooks.Open(Filename:=fl)   'ブックを開く
36
37      'コピー元/先のワークシートを設定
38      Set wsOrg = wbOrg.Worksheets(WS_ORG_NO)
39      Set wsDst = ThisWorkbook.Worksheets(WS_DST_NAME)
40
41      'コピー元セル範囲の開始行番号を初期化
42      rwOrgBgn = RW_ORG_STRT
43
44      'コピー元セル範囲の終了行番号を設定
45      rwOrgEnd = wsOrg.Cells(Rows.Count, CL_ORG_DATE).End(xlUp).Row
46
47      'コピー先セル範囲の行番号を末尾セルの1行下に設定
48      rwDstBgn = wsDst.Cells(Rows.Count, CL_DST_DATE).End(xlUp).Row + 1
49
50      'コピー開始日が日付形式か、有効範囲内かチェック
51      If IsDate(wsDst.Range(ADR_BGNDT).Value) = False _
52        Or wsDst.Range(ADR_BGNDT).Value < _
53          wsOrg.Range(CL_ORG_DATE & rwOrgBgn).Value _
54            Or wsDst.Range(ADR_BGNDT).Value > _
55              wsOrg.Range(CL_ORG_DATE & rwOrgEnd).Value Then
56        MsgBox "コピー開始日を正しく入力してください。"
57        wbOrg.Close  'コピー元ブックを閉じる
58        Exit Sub
59      End If
60
61      'コピー元セル範囲の開始行番号を設定
62      Do While wsDst.Range(ADR_BGNDT).Value > _
63        wsOrg.Cells(rwOrgBgn, CL_ORG_DATE).Value
64        'コピー元の開始行番号を1行進める
65        rwOrgBgn = rwOrgBgn + 1
66      Loop
67
68      '日付~利用者番号をコピー
69      Set cData = wsOrg.Range(CL_ORG_DATE & rwOrgBgn _
70        & ":" & CL_ORG_ID & rwOrgEnd)
71      cData.Copy
72      wsDst.Range(CL_DST_DATE & rwDstBgn) _
73        .PasteSpecial Paste:=xlPasteValues
74
75      '体温以降の列をコピー
76      Set cData = wsOrg.Range(CL_ORG_TMPR & rwOrgBgn _
77        & ":" & CL_ORG_LAST & rwOrgEnd)
78      cData.Copy
79      wsDst.Range(CL_DST_TMPR & rwDstBgn) _
80        .PasteSpecial Paste:=xlPasteValues
81
82      Application.CutCopyMode = False  'コピーモード解除
83      wbOrg.Close  'コピー元ブックを閉じる
```

```
84      Exit Sub
85  myErr:
86      MsgBox "エラーが発生しました。"
87  End Sub
```

マクロのカスタマイズ例

本マクロの Sub プロシージャ「データ自動コピー2」のカスタマイズは主に、Sub プロシージャの冒頭にある定数で行えるようになっています。

```
4   '定数宣言
5   Const WS_ORG_NO As Long = 1                 'コピー元ワークシート番号
6   Const WS_DST_NAME As String = "データ"       'コピー先ワークシート名
7   Const ADR_BGNDT As String = "D1"            'コピー開始日のセル番地
8   Const RW_ORG_STRT As Long = 2               'コピー元の開始行番号
9   Const CL_ORG_DATE As String = "A"           'コピー元の日付の列
10  Const CL_ORG_ID As String = "B"             'コピー元の利用者番号の列
11  Const CL_ORG_TMPR As String = "C"           'コピー元の体温の列
12  Const CL_ORG_LAST As String = "J"           'コピー元の最終列
13  Const CL_DST_DATE As String = "A"           'コピー先の日付の列
14  Const CL_DST_TMPR As String = "F"           'コピー先の体温の列
```

カスタマイズできるのは、ワークシートの名前、およびコピー元ブックの表とコピー先ブックの表の位置（行と列）です。該当する定数と変更例については、前節の Sub プロシージャ「データ自動コピー1」と同じなので、前節の図 7-1-15（P230）を参照してください。

さらには、差分となる日付の入力先セルの場所もカスタマイズ可能となっています。場所を変更するには、定数「ADR_BGNDT」に定義したセル番地の文字列を書き換えます。たとえば、E1 セルに変更したければ、現在の「D1」から「E1」に書き換えてください。

▼変更前

`Const ADR_BGNDT As String = "D1"        'コピー開始日のセル番地`

▼変更後

`Const ADR_BGNDT As String = "E1"        'コピー開始日のセル番地`

なお、コピーの分割数を増やしたければ、Chapter 7 の 1 のコラム（P232）を参照してください。

プログラムのポイントについて

最後に、プログラムのポイントをいくつか絞り、簡単に解説します。プログラム自体の理解を深め、VBAのスキルを向上したい方はご一読ください。

02　プログラムのポイントについて：

　Subプロシージャ「データ自動コピー2」の処理の大まかな流れは、前節のSubプロシージャ「データ自動コピー1」と同じです。

　コピー元/先のセル範囲の開始/終了行番号を取得する処理も、基本的には前節と同じ考え方・手順です。ただし、コピー元のセル範囲の開始行番号を取得する処理は若干ことなります。該当箇所はコード62～63行目のDo While...Loopステートメントのループの条件式です。

```
62  Do While wsDst.Range(ADR_BGNDT).Value > _
63      wsOrg.Cells(rwOrgBgn, CL_ORG_DATE).Value
```

　前節と異なるのはDo While...Loopの条件式の左辺です。ユーザーが目的の日付を入力するD1セルの値「wsDst.Range(ADR_BGNDT).Value」で調べています。また、比較演算子に「>」を用いている点も異なります。

　データのコピー＆貼り付け処理も前節と同様です。日付～利用者番号の列のデータのコピーおよび貼り付け（形式を選択して貼り付け）はコード69～73行目、体温以降の列のデータのコピーおよび貼り付けはコード76～80行目にて行っています。

　D1セルに入力された日付をチェックする処理がコード51～59行目のIfステートメントです。条件式はコード51～55行目に渡り、計3つの条件式をOr演算子で連結しています。1つ目の条件式は、D1セルに入力された値がそもそも日付形式かどうかをチェックしています。

```
51  If IsDate(wsDst.Range(ADR_BGNDT).Value) = False _
```

　日付形式の判定にはIsDate関数を用いています。引数に指定した値が日付形式かどうかを判定するVBA関数であり、日付形式ならTrue、そうでなければFalseを返します。

　2つ目と3つ目の条件式によって、D1セルに入力された日付が有効範囲かどうか判定しています。2つ目の条件式ではコピー元の表の先頭データよりも前の日付かどうか、3つ目の条件式ではコピー元の表の末尾データよりも後の日付かどうかを判定しています。これら3つの条件式をOr演算子で連結しているため、いずれか1つの条件式が成立するなら、D1セルに入力された値は不適切と見なしています。

3 記録票の印刷を自動化しよう

Chapter 6の3では、「記録票」の帳票を作成し、2部印刷しました。本節では、その印刷を自動化する方法を解説します。

記録票の印刷を自動化するマクロの完成形

　ワークシート「記録票」はChapter 6の3で解説した通り、A2セルに入力した行番号に応じて、ワークシート「データ」の該当する行のデータを参照することで、記録票の帳票を作成するのでした。作成した記録票は2部印刷して1部は利用者に渡し、1部は控えとして事業者側で保管するため、控えはG6セルに「（控え）」と入れて印刷するのでした。その際、印刷を2回実行するのも、G6セルの「（控え）」を毎回追加／削除するのも手間です。そこでマクロを利用して、この印刷操作を自動化しましょう。

　今回、マクロは2種類用意するとします。ワークシート「記録票」の上に［印刷］ボタンと［連続印刷］ボタンの2つのボタンを用意し、それぞれクリックでマクロを実行するとします。ともに印刷時には、印刷プレビューを表示するとします。

［印刷］ボタンの機能
　クリックすると、記録票を2部印刷します。2部目はG6セルに「（控え）」が自動で入ります。

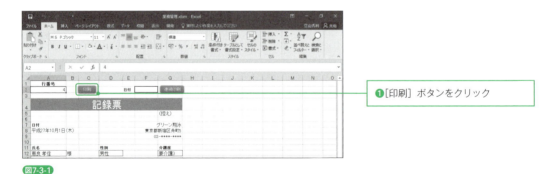

❶［印刷］ボタンをクリック

図7-3-1

　1部目の印刷プレビューが表示されます。

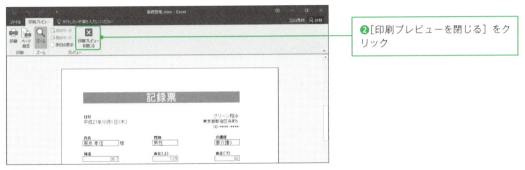

図7-3-2

2部目の印刷プレビューが表示されます。「(控え)」が自動で表示されています。

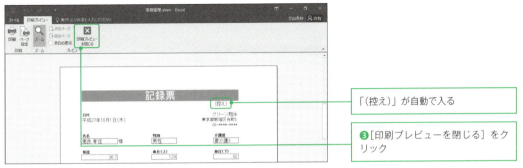

図7-3-3

 印刷プレビューの画面について：
画面では、[ズーム] をクリックして拡大表示しています。

[連続印刷] ボタンの機能

クリックすると、ワークシート「記録票」のF2セルに入力した日付（シリアル値）に該当する記録票が連続して2部ずつ印刷されます。[印刷] ボタンと同じく、2部目はG6セルに「(控え)」が自動で入ります。

図7-3-4 [連続印刷] ボタン

1枚目の記録票の1部目の印刷プレビューが表示されます。

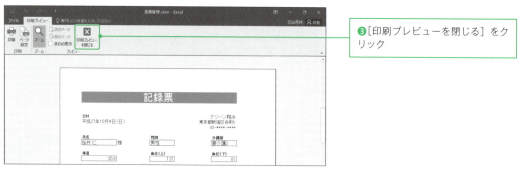
❸[印刷プレビューを閉じる]をクリック

図7-3-5

1枚目の記録票の2部目の印刷プレビューが表示されます。「(控え)」が自動で表示されています。

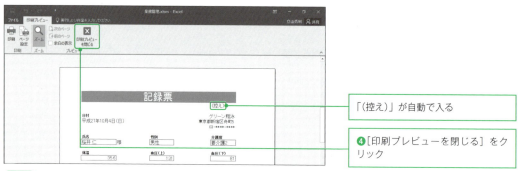
「(控え)」が自動で入る

❹[印刷プレビューを閉じる]をクリック

図7-3-6

2枚目の記録票の1部目の印刷プレビューが表示されます。

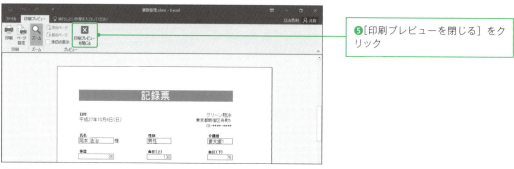
❺[印刷プレビューを閉じる]をクリック

図7-3-7

以下同様に、F2セルに指定した日付に該当する記録票が連続して印刷されます。

連続印刷に加えて、F2セルに日付の形式ではない値が入力されたかどうかのチェック機能も

備えるとします。日付の形式でなければ、「日付の形式で入力してください。」というメッセージボックスを表示した後、印刷は行わずにプログラムを途中で終了するとします。

たとえば、F2セルに「Excel」という文字列を入力して実行すると、下図のようなメッセージボックスが表示されます。

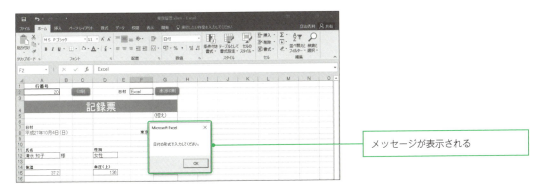
図7-3-8

メッセージが表示される

> **F2セルが空の場合：**
> F2セルに何も値が入っていない場合も、同様に日付の形式ではない値と判断します。

なお、本来はF2セルに入力された日付が、ワークシート「データ」の日付の範囲内にあるかどうかもチェックする処理も必要ですが、今回は割愛させていただきます。

マクロを作成しよう

　記録票を印刷するマクロのプログラムは下記になります。Subプロシージャは2つになります。Subプロシージャ「印刷」は［印刷］ボタン用、Subプロシージャ「連続印刷」は［連続印刷］ボタン用になり、それぞれ該当するボタンにマクロとして登録します。「業務管理.xlsx」への組み込み方は自動コピー1の手順（P227）と同じなので、そちらを参照してください。その際、E2セルに「日付」と見出しを入力し、F2セルを太線で囲むよう罫線を設定してください。なお、「マクロの登録」ダイアログボックス（図7-1-13）では、登録するマクロは［印刷］ボタンには「印刷」、［連続印刷］ボタンには「連続印刷」を選択してください。

　前節や前々節と同じく、完成版のブックを「業務管理7-3.xlsm」として、本書ダウンロードファイルに用意しておきましたので、コードを適宜コピー＆貼り付けしてください（テキストファイル「7-3.txt」としてもコードを用意しましたので、そちらからコピーして貼り付けても構いません）。

```
1  Option Explicit
2  Const WS_RCDST_NAME As String = "記録票"      '帳票のワークシート名
3
4  Sub 印刷()
5      Const ADD_WD As String = "（控え）"        '印刷時に追加する語句
```

```
 6      Const ADR_ADD As String = "G5"        '語句を追加するセル番地
 7
 8      Dim wsRcdSt As Worksheet              '帳票のワークシート
 9
10
11      Set wsRcdSt = ThisWorkbook.Worksheets(WS_RCDST_NAME)
12
13      '「(控え)」なしで印刷
14      wsRcdSt.Range(ADR_ADD).Value = ""
15      wsRcdSt.PrintOut Preview:=True
16
17      '「(控え)」ありで印刷
18      wsRcdSt.Range(ADR_ADD).Value = ADD_WD
19      wsRcdSt.PrintOut Preview:=True
20  End Sub
21
22  Sub 連続印刷()
23      Const WS_DT_NAME As String = "データ"  'データのワークシート名
24      Const CL_DT_DATE As String = "A"       'データの日付の列
25      Const RW_DT_STRT As Long = 4           'データの開始行番号
26      Const ADR_PRTDY As String = "F2"       '印刷する日付のセル番地
27      Const ADR_PRTRW As String = "A2"       '印刷する行番号のセル番地
28
29      Dim wsDt As Worksheet                  'データのワークシート
30      Dim wsRcdSt As Worksheet               '帳票のワークシート
31      Dim dayPrt As Date                     '印刷する日付
32      Dim rwDt   As Long                     'データの行番号
33
34
35      Set wsDt = ThisWorkbook.Worksheets(WS_DT_NAME)
36      Set wsRcdSt = ThisWorkbook.Worksheets(WS_RCDST_NAME)
37
38      '日付のセルの入力値が日付形式かチェック
39      If IsDate(wsRcdSt.Range(ADR_PRTDY).Value) = False Then
40          MsgBox "日付の形式で入力してください。"
41          Exit Sub
42      End If
43
44      dayPrt = wsRcdSt.Range(ADR_PRTDY).Value
45      rwDt = RW_DT_STRT       'データの行番号を初期化
46
47      '印刷処理。データの日付が印刷する日付までの間ループ
48      Do While wsDt.Cells(rwDt, CL_DT_DATE).Value < dayPrt + 1 _
49          And wsDt.Cells(rwDt, CL_DT_DATE).Value <> ""
50          '印刷する日付なら印刷を実行
51          If wsDt.Cells(rwDt, CL_DT_DATE).Value >= dayPrt Then
52              wsRcdSt.Range(ADR_PRTRW).Value = rwDt '印刷する行番号を設定
53              Call 印刷
54          End If
55
56          rwDt = rwDt + 1 'データの日付を1行進める
57      Loop
58  End Sub
```

> 「業務管理.xlsm」に追加で組み込む：
> 「業務管理.xlsx」ではなく、前節または前々節で作成した「業務管理.xlsm」に追加で組み込んでも構いません。その際はVBEを起動して標準モジュールのModule1を開き、既存のSubプロシージャの下に、本節の2つのSubプロシージャを追加してください。

マクロのカスタマイズ例

　本マクロでは、各種定数の定義を変更することで、カスタマイズできるようになっています。どの定数がワークシートのどの箇所に対応するかは下図を参照してください。各定数の意味と変更方法を以下に解説していきます。

■ワークシート「記録票」

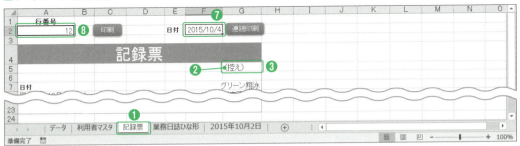

■ワークシート「データ」

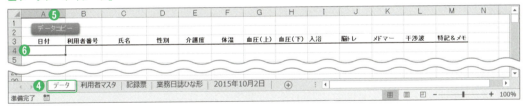

▼モジュールレベルの定数
❶Const WS_RCDST_NAME As String = "記録票"　'帳票のワークシート名

▼Subプロシージャ「印刷」の定数
❷Const ADD_WD As String = "（控え）"　'印刷時に追加する語句
❸Const ADR_ADD As String = "G5"　'語句を追加するセル番地

▼Subプロシージャ「連続印刷」の定数
❹Const WS_DT_NAME As String = "データ"　'データのワークシート名
❺Const CL_DT_DATE As String = "A"　'データの日付の列
❻Const RW_DT_STRT As Long = 4　'データの開始行番号
❼Const ADR_PRTDY As String = "F2"　'印刷する日付のセル番地
❽Const ADR_PRTRW As String = "A2"　'印刷する行番号のセル番地

図7-3-9 定数と対応する箇所

ワークシート名の変更

　記録票のワークシート名は定数「WS_RCDST_NAME」で定義しています。この定数は2つのSubプロシージャで共通して使うため、コード2行目にて、モジュールレベルの定数と

して宣言しています。宣言の場所は2つのSubプロシージャの外であり、Module1冒頭の「Option Explicit」のすぐ下になります。

```
Const WS_RCDST_NAME As String = "記録票"　'帳票のワークシート名
```

もし、ワークシート名を「記録票」から変更したら、定数「WS_RCDST_NAME」に定義している文字列を変更してください。

Subプロシージャ「印刷」のカスタマイズ

Subプロシージャ「印刷」では、コード5行目の定数「ADD_WD」で、控えの印刷時に追加する語句である「（控え）」を文字列として定義しています。さらにコード6行目の定数「ADR_ADD」で、その語句の追加先となるセル番地を文字列として定義しています。

たとえば、追加する語句を「【控】」に、追加先のセルをD5セルに変更したければ、次のように書き換えてください。

▼変更前

```
Const ADD_WD As String = "（控え）"　　'印刷時に追加する語句
Const ADR_ADD As String = "G5"　　　　'語句を追加するセル番地
```

▼変更後

```
Const ADD_WD As String = "【控】"　　'印刷時に追加する語句
Const ADR_ADD As String = "D5"　　　'語句を追加するセル番地
```

また、現在は印刷プレビューを表示するようになっています。もし、印刷プレビューを表示したくなければ、次のように変更してください。PrintOutメソッドの引数Previewの部分を削除することになります。該当箇所はコード15行目と19行目の2つです。

▼変更前

```
'「（控え）」なしで印刷
wsRcdSt.Range(ADR_ADD).Value = ""
wsRcdSt.PrintOut Preview:=True
'「（控え）」ありで印刷
wsRcdSt.Range(ADR_ADD).Value = ADD_WD
wsRcdSt.PrintOut Preview:=True
```

▼変更後

'「(控え)」なしで印刷
wsRcdSt.Range(ADR_ADD).Value = ""
wsRcdSt.PrintOut
'「(控え)」ありで印刷
wsRcdSt.Range(ADR_ADD).Value = ADD_WD
wsRcdSt.PrintOut

Sub プロシージャ「連続印刷」のカスタマイズ

Sub プロシージャ「連続印刷」では、以下 5 つの定数を宣言しています。

```
23  Const WS_DT_NAME As String = "データ"    'データのワークシート名
24  Const CL_DT_DATE As String = "A"         'データの日付の列
25  Const RW_DT_STRT As Long = 4             'データの開始行番号
26  Const ADR_PRTDY As String = "F2"         '印刷する日付のセル番地
27  Const ADR_PRTRW As String = "A2"         '印刷する行番号のセル番地
```

最初の 3 つはワークシート「データ」に関する定数です。ワークシート名は定数「WS_DT_NAME」、日付のデータの列は定数「CL_DT_DATE」、日付のデータの開始行は定数「RW_DT_STRT」に定義しているので、ワークシート「データ」の名前や表の位置の変更に応じて、それぞれ定義している値を変更してください。

残りの 2 つはワークシート「記録票」に関する定数です。定数「ADR_PRTDY」は、連続して印刷する日付を入力するセルの番地を文字列として定義しています。定数「ADR_PRTRW」は、印刷する行番号（ワークシート「データ」における行番号）を入力するセル番地を文字列として定義しています。現時点では A2 セルが定義されています（もし、この A2 セルの役割を忘れてしまっていたら、Chapter 6 の 3 で再確認しておきましょう）。

たとえば、連続して印刷する日付を入力するセルを F1 セルに変更したければ、定数「ADR_PRTDY」を次のように書き換えてください。

▼変更前

Const ADR_PRTDY As String = "F2"   '印刷する日付のセル番地

▼変更後

Const ADR_PRTDY As String = "F1"   '印刷する日付のセル番地

印刷する行番号のセルを変更したい場合も同様に、定数「ADR_PRTRW」に定義しているセル番地を書き換えてください。

プログラムのポイントについて

最後に、プログラムのポイントをいくつか絞り、簡単に解説します。プログラム自体の理解を深め、VBA のスキルを向上したい方はご一読ください。

03　プログラムのポイントについて：

　Sub プロシージャは先述の通り、「印刷」と「連続印刷」の 2 つです。Sub プロシージャ「印刷」は 1 日ぶんのみの記録票を印刷する処理です。G5 セルの「（控え）」がないものとあるもので計 2 部印刷します。

　実際に印刷を実行する処理はコード 15 行目、および 19 行目の PrintOut メソッドです。印刷プレビューを表示するため、引数 Preview に True を指定しています。

```
15  wsRcdSt.PrintOut Preview:=True
     ︙            ︙
19  wsRcdSt.PrintOut Preview:=True
```

　2 部印刷するため、上記の同じコードが 15 行目と 19 行目に登場しています。それぞれ前のコードにて、G5 セルの「（控え）」のなし／ありを切り替えています。

　Sub プロシージャ「連続印刷」は、ワークシート「記録票」の F2 セルに入力した日付の記録票を連続印刷します。F2 セルの日付はコード 44 行目にて、Date 型変数「dayPrt」に格納してから後の処理に用いています。

　連続印刷の処理の核はコード 48～57 行目にある Do While...Loop ステートメントのループです。ワークシート「データ」の A 列の日付を行方向へ順番に調べ、ワークシート「記録票」の F2 セルの日付なら、その行のデータの記録票を印刷しています。冒頭 2 行のコードは下記になります。

```
48  Do While wsDt.Cells(rwDt, CL_DT_DATE).Value < dayPrt + 1 _
49      And wsDt.Cells(rwDt, CL_DT_DATE).Value <> ""
```

　条件式は 2 つ指定しています。And 演算子によって、2 つの条件式が同時に成立している間、ループ内の処理を繰り返します。1 つ目の条件式「wsDt.Cells(rwDt, CL_DT_DATE).Value < dayPrt + 1」は、ワークシート「データ」の A 列の日付が、ワークシート「記録票」の F2 セルより前かどうかを判定しています。条件式の左辺はワークシート「データ」の A 列の日付になります。行は変数「rwDt」で管理しています。ループ内のコード 56 行目によって 1 行ずつ進めています。

　条件式の右辺は変数「dayPrt」に 1 を足しています。そして、比較演算子には「<」を用いています。すると、A 列の日付が F2 セルの日付の 1 日後より前の日付かどうかを判定することになります。単純に A 列の日付と等しいかではなく、このような判定を行っている理由は、A 列の日付に時刻のデータが含まれるケースにも対応可能とするためです。なお、この処理の考え方については、Chapter 6 の 4 の図 6-4-8 も参照してください。VBA では

なく関数ですが、同じ考え方に基づいています。

　2つ目の条件式「wsDt.Cells(rwDt, CL_DT_DATE).Value <> ""」は、A列の日付が空のセルでないかどうかを判定しています。言い換えると、A列のセルにデータが格納されているかどうかを判定しているのであり、それによって表の末尾を超えてループ処理を行わないようにするための条件式になります。

　ループ内にて印刷を行う処理はコード51～54行目です。

```
51  If wsDt.Cells(rwDt, CL_DT_DATE).Value >= dayPrt Then
52      wsRcdSt.Range(ADR_PRTRW).Value = rwDt  '印刷する行番号を設定
53      Call 印刷
54  End If
```

　実際に印刷を行う処理はコード53行目「Call 印刷」です。Callステートメントによって、Subプロシージャ「印刷」を呼び出すことで印刷を行っています。その前のコード52行目によって、ワークシート「記録票」のA2セルに印刷対象の行番号として変数「rwDt」を設定することで、ワークシート「データ」のどの行の記録票を印刷するかを指定しています。

　コード51行目のIfステートメントでは、条件式を「wsDt.Cells(rwDt, CL_DT_DATE).Value >= dayPrt」と指定しています。この条件式は、A列の日付がF2セルに入力した日付以降かどうかを判定しています。そのため、F2セルの日付以降のデータが印刷されることになります。

　その際、コード48～49行目のDo While...Loopステートメントの1つ目の条件式「wsDt.Cells(rwDt, CL_DT_DATE).Value < dayPrt + 1」によって、F2セルの日付の1日後より前の日付で、そもそもループは終了するようになっています。これらの2つの条件式の組み合わせによって、F2セルの日付に該当するデータのみ、記録票をループによって連続印刷しているのです。

　なぜ、このような複雑な条件で判定しているかというと、繰り返しになりますが、A列の日付に時刻のデータが含まれるケースにも対応可能とするためです。なお、もし、A列の日付は時刻を含まないデータしか扱わないなら、Do While...Loopステートメントの条件式は、ワークシート「データ」のA列の日付とワークシート「記録票」のF2セルの日付が等しいかどうかを判定する1つだけで済みます。また、ループ内の処理も「Call 印刷」と「rwDt = rwDt + 1」の2つだけで済みます。

CHAPTER 7

4 業務日誌の作成を自動化しよう その1

Chapter 6の4では、日々の業務日誌の帳票を作成しました。本節では、その作成作業を自動化し、同じブック内に作成する方法を解説します。

業務日誌の作成を自動化するマクロ

　本書サンプルはChapter 6の4で解説した通り、タブレットで記録したデータを集計して、「業務日誌」という帳票を作成するのでした。作成手順は、ひな形であるワークシート「業務日誌ひな形」をあらかじめ作成しておき、まずはそのワークシートを同じブックの末尾にコピーし、ワークシート名を目的の日付（形式は西暦年と月と日の数値に「年」と「月」と「日」を付けた形式）に変更した後、B6セルに日付、G6セルに記録者の名前、A24セルに申し送りなどのメモを入力するのでした。加えて、業務日誌を1ヶ月ごとの別ブックに作成するパターンも解説しました。

　このように業務日誌の作成を手作業で行おうとすると、少なくない手間が毎回かかるうえに、ミスの恐れも常につきまといます。そこで、マクロを利用して自動化しましょう。本節では、業務日誌を同じブック内に作成するパターンの自動化を解説します。

　本節で解説するマクロによって自動化するのは今回、ワークシート「業務日誌ひな形」を末尾にコピーし、ワークシート名を目的の日付のものに設定し、B6セルの日付を入力するまでの作業とします。以降のG6セルに記録者の名前、A24セルにメモを入力する作業は、毎回入力内容が異なる可能性が高いため、自動化せずにその都度手入力するとします。

　目的のマクロの機能と操作の流れですが、ワークシート「業務日誌ひな形」上に図形として［作成］ボタンを設けます。このボタンをクリックで実行すると、データ入力用のダイアログボックスが表示されるとします。データ入力用のダイアログボックスには今回、「InputBox」というVBAの仕組みを利用します。

　表示されたInputBoxに、業務日誌を作成したい日付を「4桁の西暦年/月/日」というExcelの日付の形式（シリアル値）で入力して指定すると、ワークシート「業務日誌ひな形」を末尾に自動でコピーし、ワークシート名を入力した日付の西暦年と月と日の数値に「年」と「月」と「日」を付けた形式に自動で設定されるとします。たとえばInputBoxに「2015/10/3」と入力すると、ワークシート名は「2015年10月3日」に設定されます。

　また、ワークシート「業務日誌ひな形」をコピーすると、通常は図形である［作成］ボタンもコピーされてしまいます。業務日誌には不要なので、本マクロではコピーしたワークシート上の［作成］ボタンを自動で削除する機能も用意するとします。

　本節で解説するマクロの概要や機能は以上です。具体的な操作例は次の画面になります。

InputBox（インプットボックス）：
1つの数値や文字列を入力できる簡易的なダイアログボックス。1つのテキストボックス、［OK］ボタン、［キャンセル］ボタンを備えています。

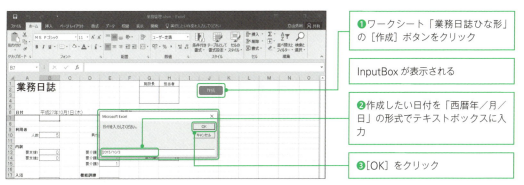

❶ ワークシート「業務日誌ひな形」の［作成］ボタンをクリック

InputBox が表示される

❷ 作成したい日付を「西暦年／月／日」の形式でテキストボックスに入力

❸［OK］をクリック

図7-4-1

指定した日付の業務日誌が作成されます。

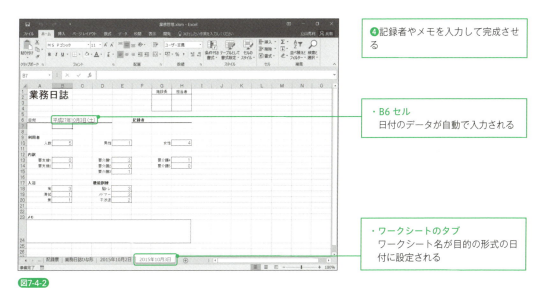

❹ 記録者やメモを入力して完成させる

・B6 セル
日付のデータが自動で入力される

・ワークシートのタブ
ワークシート名が目的の形式の日付に設定される

図7-4-2

基本的な機能は以上です。それらに加えて、InputBox で日付を入力して［OK］をクリックせず、［キャンセル］をクリックしたら、「キャンセルがクリックされました。」というメッセージボックスを表示した後、業務日誌の作成は行わずにプログラムを途中で終了するという機能も設けるとします。

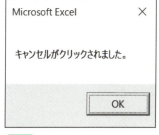

図7-4-3

また、InputBoxに日付の形式ではない値が入力されたかどうかのチェック機能も備えるとします。日付の形式でなければ、「日付の形式で入力してください。」というメッセージボックスを表示した後、作成は行わずにプログラムを途中で終了するようになっています。たとえば、InputBoxに「Excel」という文字列を入力して［OK］ボタンをクリックすると、このようにメッセージボックスが表示され、プログラムが途中で終了します。

図7-4-4

図7-4-5

　さらには、InputBoxに入力した日付の業務日誌が既にあるかどうかチェックし、もしあれば、「その日付の業務日誌は既にあります。」というメッセージボックスを表示した後、作成は行わずにプログラムを途中で終了する機能も設けるとします。

　たとえば、業務日誌のワークシート「2015年10月2日」が既にあるとします。その状態で［作成］ボタンをクリックし、InputBoxに同じ日付である「2015/10/2」を入力し、［OK］をクリックしたとします。すると、同じ日付なので、「その日付の業務日誌は既にあります。」というメッセージボックスが表示されます。

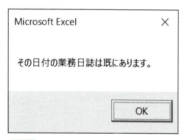

図7-4-6

　なお、チェック機能としては本来、InputBoxに入力された日付がワークシート「データ」の日付の範囲内にあるかどうかも判定する処理も必要ですが、今回は割愛させていただきます。また、日付の入力についても、たとえば年と月と日で独立したテキストボックスを用意し、それぞれドロップダウンのリストから選んで指定できるようにするなど、より入力しやすい方法が望ましいのですが、今回は割愛させていただきます。

マクロを作成しよう

　業務日誌を作成するマクロのプログラムは下記になります。Sub プロシージャ名は「業務日誌作成 1」とします。「業務管理 .xlsx」への組み込み方は自動コピー1 の手順（P227）などと同じなので、そちらを参照してください。まずは図形を挿入し、[作成] ボタンを追加してください（手順は P228 参照）。

　前節までと同じく、完成版のブックを「業務管理 7-4.xlsm」として、本書ダウンロードファイルに用意しておきましたので、コードを適宜コピー＆貼り付けしてください（テキストファイル「7-4.txt」としてもコードを用意しましたので、そちらからコピーして貼り付けても構いません）。

> **「業務管理 .xlsm」に追加で組み込む：**
> 「業務管理 .xlsx」ではなく、前節までに作成した「業務管理 .xlsm」に追加で組み込んでも構いません。その際は VBE を起動して標準モジュールの Module1 を開き、既存の Sub プロシージャの下に、本節の Sub プロシージャ「業務日誌作成 1」を追加してください。

```
1   Option Explicit
2
3   Sub 業務日誌作成1()
4     '定数宣言
5     Const WS_TMLP_NAME As String = "業務日誌ひな形"  'ひな形のワークシート名
6     Const FMT As String = "yyyy年m月d日"    'ワークシート名の書式
7     Const ADR_LGDT As String = "B6"        '日付欄のセル番地
8
9     '変数宣言
10    Dim lgDt As String              'ユーザーが入力した日付
11    Dim wsLg As Worksheet           '業務日誌のワークシート
12    Dim wsLgNm As String            '業務日誌のワークシート名
13    Dim wsChk As Worksheet          'ワークシート名チェック用
14
15
16    On Error GoTo myErr    'エラートラップ開始
17
18    '作成する日付をインプットボックスで入力
19    lgDt = InputBox("日付を入力してください。")
20
21    '入力値をチェック
22    If lgDt = "" Then  'キャンセルがクリックされた
23      MsgBox "キャンセルがクリックされました。"
24      Exit Sub
25    ElseIf IsDate(lgDt) = False Then   '日付以外の値
26      MsgBox "日付を正しく入力してください。"
27      Exit Sub
28    End If
```

```
29
30    '同じ日付のワークシートが既にないかチェック
31    wsLgNm = Format(lgDt, FMT)    '日付の書式を変換
32    For Each wsChk In Worksheets
33      If wsChk.Name = wsLgNm Then
34        MsgBox "その日付の業務日誌は既にあります。"
35        Exit Sub
36      End If
37    Next
38
39    '業務日誌作成。ひな形のワークシートを末尾にコピー
40    Worksheets(WS_TMLP_NAME).Copy _
41      After:=Worksheets(Worksheets.Count)
42    Set wsLg = Worksheets(Worksheets.Count)
43    wsLg.Name = wsLgNm                    'ワークシート名を設定
44    wsLg.Range(ADR_LGDT).Value = lgDt     '作成する日付を日付欄に入力
45    wsLg.Shapes(1).Delete                 'コピーされたボタンを削除
46
47    Exit Sub
48  myErr:
49    MsgBox "エラーが発生しました。"
50  End Sub
```

マクロのカスタマイズ例

　本マクロの Sub プロシージャ「業務日誌作成1」のカスタマイズは主に、Sub プロシージャの冒頭にある定数で行えるようになっています。

```
4   '定数宣言
5   Const WS_TMLP_NAME As String = "業務日誌ひな形"    'ひな形のワークシート名
6   Const FMT As String = "yyyy年m月d日"    'ワークシート名の書式
7   Const ADR_LGDT As String = "B6"         '日付欄のセル番地
```

　業務日誌のひな形となるワークシート名が変更されたら、コード5行目にて定数「WS_TMLP_NAME」に文字列として定義しているワークシート名を変更してください。たとえば「雛形」に変更したければ、下記のように書き換えてください。

▼変更前

Const WS_TMLP_NAME As String = "業務日誌ひな形" 'ひな形のワークシート名

▼変更後

Const WS_TMLP_NAME As String = "雛形" 'ひな形のワークシート名

ワークシート名の日付の形式を変更したければ、コード 6 行目にて定数「FMT」に文字列として書式記号を用いて定義している形式の指定内容を変更してください。たとえば、年を和暦で表示するには、次のように書き換えてください。

▼変更前

```
Const FMT As String = "yyyy年m月d日"    'ワークシート名の書式
```

▼変更後

```
Const FMT As String = "ggge年m月d日"    'ワークシート名の書式
```

　実行すると、このようにワークシート名の年が和暦になります。たとえば InputBox に「2015/10/3」と入力すると、ワークシート名は「平成 27 年 10 月 3 日」になります。

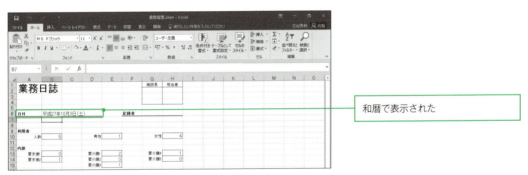

図7-4-7

　和暦への変更に加え、曜日も「(曜日名 1 文字)」の形式にて追加表示するには、次のように追加して下さい。カッコは半角とします。

▼変更前

```
Const FMT As String = "yyyy年m月d日"    'ワークシート名の書式
```

▼変更後

```
Const FMT As String = "ggge年m月d日(aaa)"    'ワークシート名の書式
```

　実行すると、ワークシート名に曜日も表示されるようになります。たとえば InputBox に「2015/10/5」と入力すると、ワークシート名は「平成 27 年 10 月 5 日 (月)」になります。

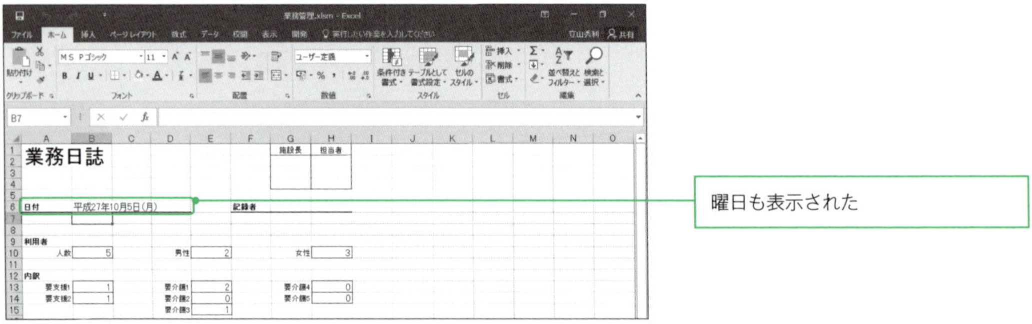

図7-4-8

> 曜日も表示された

　日付の書式を指定する「yyyy」などは「書式記号」と呼びます。日付に関する主な書式記号は本節末コラムを参照してください。

　なお、書式記号はChapter 6の3のセルにおけるユーザー定義の表示形式で解説したものと、基本的に同じになります。ただし、書式記号以外の「年」など固定の文字列の部分の指定は、ユーザー定義の表示形式では「"」で囲う必要がありますが、VBAの場合は囲む必要はありません。

　業務日誌における日付のセル番地が変更されたら、コード7行目にて定数「ADR_LGDT」に文字列として定義しているセル番地を変更してください。たとえば、C6セルに変更したければ、次のように書き換えてください。

▼変更前

```
Const ADR_LGDT As String = "B6"    '日付欄のセル番地
```

▼変更後

```
Const ADR_LGDT As String = "C6"    '日付欄のセル番地
```

プログラムのポイントについて

　最後に、プログラムのポイントをいくつか絞り、簡単に解説します。プログラム自体の理解を深め、VBAのスキルを向上したい方はご一読ください。

04　プログラムのポイントについて：

　Subプロシージャ「業務日誌作成」の大まかな処理の流れ、ワークシート「業務日誌ひな形」をコピーし、インプットボックスにユーザーから入力された日付を用いて、ワークシート名とB6セルの日付欄を設定することです。

　インプットボックスを表示する処理はコード19行目です。

```
19  lgDt = InputBox("日付を入力してください。")
```

InputBox 関数はインプットボックス上に表示する文言を引数に指定する必要があります。インプットボックスの［OK］ボタンをクリックすると、ユーザー入力した値が返されます。［キャンセル］をクリックすると、False が返されます。なお、他にも省略可能な引数がいくつかありますが、解説を割愛させていただきます。

　InputBox 関数の戻り値は変数「lgDt」に格納しています。変数「lgDt」のデータ型を Variant 型にしているのは、［OK］ボタンをクリックされ数値や文字列が返されてた場合にも、［キャンセル］がクリックされて Boolean 型の False が返されても対応できるようにするためです。

　そして、コード 22～28 行目の If ステートメントにて、［キャンセル］がクリックされた場合、および日付以外のデータが入力された場合の処理を行っています。

　コード 31～37 行目もチェック処理です。インプットボックスに入力した日付の業務日誌がすでに存在していないかをチェックしています。まずはコード 31 行目にて、インプットボックスに入力された日付を目的の書式（西暦年と月と日の数値に「年」と「月」と「日」を付けた形式）の文字列に変換し、変数「wsLgNm」に格納しています。

```
31  wsLgNm = Format(lgDt, FMT)    '日付の書式を変換
```

　変換の処理は VBA 関数の Format 関数で行っています。第 1 引数に元の文字列、第 2 引数に変換したい書式を指定します。コード 31 行目では第 2 引数に、定数「FMT」として定義した目的の書式を指定しています。

　変数「wsLgNm」に格納された目的の書式の日付は、設定したいワークシート名になるのでした。そこで、同じ日付の業務日誌がすでに存在していないかチェックするため、同じブックにある既存のワークシートの名前を順番にすべて取得し、変数「wsLgNm」と同じかどうか比較しています。その処理がコード 32～37 行目の For Each...Next ステートメントによるループです。

```
32  For Each wsChk In Worksheets
33    If wsChk.Name = wsLgNm Then
34      MsgBox "その日付の業務日誌は既にあります。"
35      Exit Sub
36    End If
37  Next
```

　For Each...Next ステートメントの変数には Worksheet 型変数「wsChk」、コレクションにはワークシートの集合である Worksheets を指定することで、ループのたびにブック内のワークシートのオブジェクトが順番に 1 つずつ変数「wsChk」に格納されていきます。ループ内の If ステートメントの条件式では、Name プロパティでワークシート名を取得し、変数「wsLgNm」と等しいかどうか、If ステートメントで調べています。もし等しければ、同じ日付の業務日誌が存在することがわかります。

　チェック処理が一通り終わったら、コード 40 行目以降にて業務日誌の作成を行います。コード 40～41 行目では、ワークシート「業務日誌ひな形」を Copy メソッドによってコ

ピーしています。

```
40  Worksheets(WS_TMLP_NAME).Copy _
41    After:=Worksheets(Worksheets.Count)
```

　引数 After には、既存のワークシートの末尾にコピーするため「Worksheets(Worksheets.Count)」を指定しています。Worksheets コレクションの Count プロパティによって、ワークシートの枚数が取得できます。「Worksheets(Worksheets.Count)」と記述すると、その枚数の番目のワークシートのオブジェクトを取得できます。枚数の番目のワークシートとは言い換えれば末尾のワークシートになります。たとえば、ワークシートが全部で3枚あるなら、末尾のワークシートは3番目になります。末尾のワークシートを引数 After に指定することで、そのワークシートの後ろにコピーされます。それゆえ、末尾にコピーできるのです。
　その次のコード 42 行目では、ひな形をコピーして作成された業務日誌のワークシートのオブジェクトを変数「wsLg」に格納しています。

```
42  Set wsLg = Worksheets(Worksheets.Count)
```

　このコードでも「Worksheets(Worksheets.Count)」と記述していますが、ひな形をコピーした後は枚数が1増えており、その枚数の番目のワークシートは、コピーして作成された業務日誌のワークシートになります。たとえば、もともとワークシートが3枚ある状態で、ひな形を末尾にコピーすると、1枚増えて4枚になります。すると、コピーしたワークシートは4番目になります。このように同じ「Worksheets(Worksheets.Count)」でも、ひな形をコピーする前と後では別のワークシートのオブジェクトになるので、混同しないよう注意してください。
　コード 45 行目は、作成した業務日誌のワークシート上にある［作成］ボタンを削除する処理です。

```
45  wsLg.Shapes(1).Delete                 'コピーされたボタンを削除
```

　［作成］ボタンは図形でした。図形のオブジェクトは Shapes コレクションで取得できます。カッコ内には、目的の図形の番号を数値として指定します。番号は原則、挿入された順番になります。今回はワークシート上には図形が1つしかなく、［作成］ボタンの番号は1になるため、カッコ内に1を指定しています。そして、Delete メソッドによって削除しています。

COLUMN

日付の書式記号について

日付に関する主な書式記号は下表になります。

書式記号	意味	日付が「1997/2/5」の場合の表示例
		※1997/2/5は水曜日。1997年は平成9年
yy	2桁の西暦	98
yyyy	4桁の西暦	1998
e	1桁の和暦	9
ee	2桁の和暦	09
gg	年号1文字	平
ggg	年号	平成
m	1桁の月	2
mm	2桁の月	02
d	1桁の日	5
dd	2桁の日	05
aaa	曜日1文字	水
aaaa	曜日	水曜日

表7-4-1

日付以外にも、時刻を指定する書式記号もあります。また、数値を指定する書式記号もあります。桁区切りや小数、パーセントなどの形式を指定できます。

Excelのバージョンに注意：
「業務管理.xlsx」をExcel 2013以前で作成し、そのブックを別パソコンにコピーしてExcel 2016で使う場合、ワークシート「業務日誌ひな形」を別ブックにコピーすると、行の高さと列の幅が崩れたり、印刷範囲がずれたりする現象が起こる場合があります（2016年1月時点）。その際はExcel 2016上で改めて設定しなおしてください。

CHAPTER 7

5 業務日誌の内容を自動化しよう その2

前節では、業務日誌を同じブックに自動で作成するマクロを解説しました。本節では、業務日誌を別のブックに自動で作成するマクロを解説します。

業務日誌を別のブックに自動で作成するマクロ

　Chapter 6 の 4 の後半では、業務日誌を別ブック「2015年10月.xlsx」に作成する方法を解説しました。その際、別ブックへコピーしたワークシート名は「2日」など、日のみに設定しました。本節では、その操作をマクロで自動化します。

　前節のマクロと機能や操作手順はほぼ同じです。異なるのは2つの点です。1つ目は、業務日誌の作成先となる別ブックを指定する機能および操作が加わることです。別ブックの指定は今回、「ファイルを開く」ダイアログボックスで指定するとします。そのタイトルバーには、「業務日誌のブックを指定してください。」と表示するとします。また、別ブックの指定は今回、InputBoxによる日付の入力の前に行うとします。

　2つ目の異なる点は、ワークシート「業務日誌ひな形」のコピーです。コピー先は指定した別ブックの末尾とし、ワークシート名は Chapter 6 の 4 と同じく、日の数値に「日」を付けた形式に設定するとします。年と月は入れない形式になります。

　具体的な操作例は以下の画面になります。別ブックは今回、「2015年10月.xlsx」という名前とし、同じフォルダーに置くとします。中身はデータが一切入っていないワークシート「Sheet1」が1枚あるのみとします（空白のブック）。

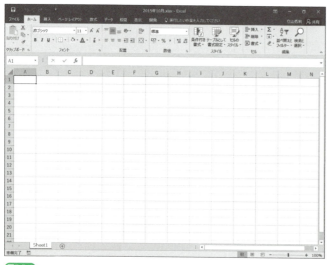

図7-5-1

Excel VBAで自動化して業務を効率化する

264

操作例の別ブックについて：
もし、お手元のパソコンで操作例を試すなら、「2015年10月.xlsx」はChapter 6の4で使用したものではなく、新たに別途新規作成したものをご用意ください。

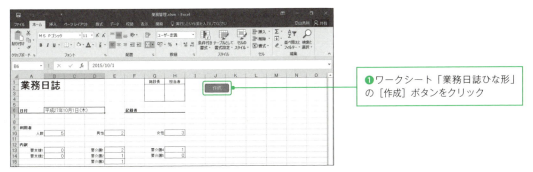

❶ ワークシート「業務日誌ひな形」の［作成］ボタンをクリック

図7-5-2

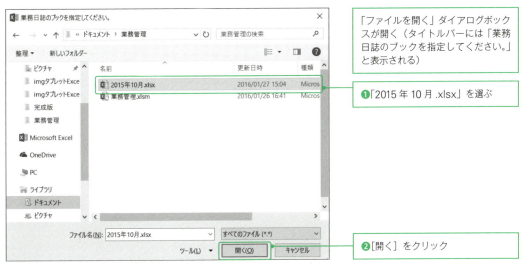

「ファイルを開く」ダイアログボックスが開く（タイトルバーには「業務日誌のブックを指定してください。」と表示される）

❶「2015年10月.xlsx」を選ぶ

❷［開く］をクリック

図7-5-3

「2015年10月.xlsx」が開き、続けてInputBoxが表示されます。

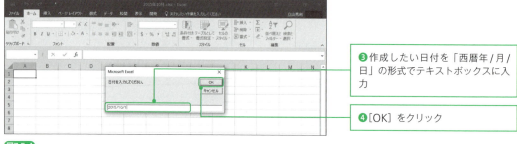

❸ 作成したい日付を「西暦年/月/日」の形式でテキストボックスに入力

❹ [OK] をクリック

図7-5-4

指定した日付の業務日誌が作成されます。

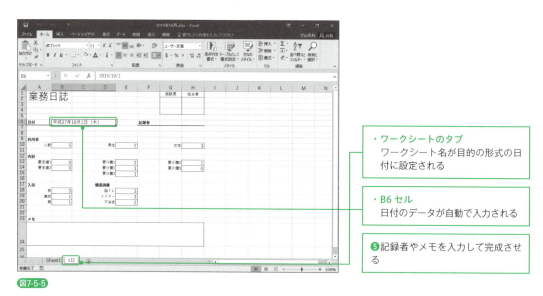

・ワークシートのタブ
　ワークシート名が目的の形式の日付に設定される

・B6 セル
　日付のデータが自動で入力される

❺ 記録者やメモを入力して完成させる

図7-5-5

　基本的な機能は以上です。それらに加えて、前節のマクロと同じく、InputBox で ［キャンセル］がクリックされたり、日付以外の形式のデータが入力されたりした際の機能も設けるとします。あわせて、既にある日付の業務日誌を作成しようとした際の機能も、前節のマクロと同様に設けるとします。

　本節のマクロはさらに、「ファイルを開く」ダイアログボックスで、［キャンセル］がクリックされた場合、「キャンセルがクリックされました。」というメッセージボックスを表示した後、作成は行わずにプログラムを途中で終了するという機能も設けるとします。

図7-5-7

　なお、本節のマクロも前節のマクロと同じく、本来備えるべきチェック機能やドロップダウンなどの入力方法などは今回、割愛させていただきます。また、「ファイルを開く」ダイアログボックスで、不適切なブックが指定された場合などの処理も本来は必要ですが、今回は割愛させていただきます。

> **リンクの編集：**
> 業務日誌を別ブックに作成した後、もし、その別ブックまたは「業務管理 .xlsm」の保存場所やファイル名を変更すると、次回その別ブックを開いた際、リンクを更新するかを問うダイアログボックスが表示されます。ここでいうリンクは、関数の引数などに指定しているセル参照の式になります。その際は画面の指示に従い、変更したファイル名や場所に応じてリンクを編集してください。

マクロを作成しよう

業務日誌を別ブックに作成するマクロのプログラムは下記になります。Sub プロシージャ名は「業務日誌作成2」とします。「業務管理 .xlsx」への組み込み方は自動コピー1の手順（P227）などと同じなので、そちらを参照してください。

前節までと同じく、完成版のブックを「業務管理 7-5.xlsm」として、本書ダウンロードファイルに用意しておきましたので、コードを適宜コピー＆貼り付けしてください（テキストファイル「7-5.txt」としてもコードを用意しましたので、そちらからコピーして貼り付けても構いません）。

```vb
 1  Option Explicit
 2
 3  Sub 業務日誌作成2()
 4      '定数宣言
 5      Const WS_TMLP_NAME As String = "業務日誌ひな形"   'ひな形のワークシート名
 6      Const FMT As String = "d日"                      'ワークシート名の書式
 7      Const ADR_LGDT As String = "B6"                  '日付欄のセル番地
 8
 9      '変数宣言
10      Dim fl As Variant                '業務日誌のブック名
11      Dim wbLg As Workbook             '業務日誌のブック
12      Dim lgDt As String               'ユーザーが入力した日付
13      Dim wsLg As Worksheet            '業務日誌のワークシート
14      Dim wsLgNm As String             '業務日誌のワークシート名
15      Dim wsChk As Worksheet           'ワークシート名チェック用
16
17
18      On Error GoTo myErr    'エラートラップ開始
19
20      'コピー先となる業務日誌のブックを開く
21      fl = Application.GetOpenFilename _
22          (Title:="業務日誌のブックを指定してください。")   'ブックを指定
23      If fl = False Then  'キャンセル処理
24          MsgBox "キャンセルがクリックされました。"
25          Exit Sub
26      End If
27
28      Set wbLg = Workbooks.Open(Filename:=fl)  'ブックを開く
```

```
29
30      '作成する日付をインプットボックスで入力
31      lgDt = InputBox("日付を入力してください。")
32
33      '入力値をチェック
34      If lgDt = "" Then    'キャンセル処理
35        MsgBox "キャンセルがクリックされました。"
36        Exit Sub
37      ElseIf IsDate(lgDt) = False Then    '日付以外の値
38        MsgBox "日付を正しく入力してください。"
39        Exit Sub
40      End If
41
42      '同じ日付のワークシートが既にないかチェック
43      wsLgNm = Format(lgDt, FMT)  '日付の書式を変換
44      For Each wsChk In wbLg.Worksheets
45        If wsChk.Name = wsLgNm Then
46          MsgBox "その日付の業務日誌は既にあります。"
47          Exit Sub
48        End If
49      Next
50
51      '業務日誌作成。ひな形のワークシートを末尾にコピー
52      ThisWorkbook.Worksheets(WS_TMLP_NAME).Copy _
53        After:=wbLg.Worksheets(wbLg.Worksheets.Count)
54      Set wsLg = wbLg.Worksheets(wbLg.Worksheets.Count)
55      wsLg.Name = wsLgNm                   'ワークシート名を設定
56      wsLg.Range(ADR_LGDT).Value = lgDt    '日付欄に入力
57      wsLg.Shapes(1).Delete                'コピーされたボタンを削除
58
59      Exit Sub
60  myErr:
61      MsgBox "エラーが発生しました。"
62  End Sub
```

マクロのカスタマイズ例

　本マクロの Sub プロシージャ「業務日誌作成2」のカスタマイズは主に、Sub プロシージャの冒頭にある定数で行えるようになっています。

```
4   '定数宣言
5   Const WS_TMLP_NAME As String = "業務日誌ひな形"  'ひな形のワークシート名
6   Const FMT As String = "d日"              'ワークシート名の書式
7   Const ADR_LGDT As String = "B6"          '日付欄のセル番地
```

　これらの定数は前節の Sub プロシージャ「業務日誌作成1」と同じなので、カスタマイズの方法は前節をご参照ください。

また、別ブックを開いて業務日誌の作成した後、上書き保存して閉じるようにしたければ、コピーされたボタンを削除する処理（コード 57 行目）の後に、2 行のコードを追加してください。

▼追加前

```
        :
        :
wsLg.Shapes(1).Delete        'コピーされたボタンを削除

Exit Sub
myErr:
```

▼追加後

```
        :
        :
wsLg.Shapes(1).Delete        'コピーされたボタンを削除

wbLg.Save
wbLg.Close
Exit Sub
myErr:
```

別ブックの Workbook オブジェクトが格納された変数「wbLg」を使い、Save メソッドで上書き保存を行い、Close メソッドでブックを閉じています。

プログラムのポイントについて

最後に、プログラムのポイントをいくつか絞り、簡単に解説します。プログラム自体の理解を深め、VBA のスキルを向上したい方はご一読ください。

05　プログラムのポイントについて：

Sub プロシージャ「業務日誌作成 2」の大まかな処理の流れは、前節の Sub プロシージャ「業務日誌作成」とほぼ同じです。異なる点は、まずはコード 6 行目にて、定数「FMT」に定義している書式です。日のみの形式になります。

```
6   Const FMT As String = "d日"          'ワークシート名の書式
```

コード 21～22 行目に、Application オブジェクトの GetOpenFilename メソッドによって、業務日誌の作成先となる別ブック（月ごとのブック）を「ファイルを開く」ダイアロ

グボックスで指定する処理を設けている点も異なります。

```
21  fl = Application.GetOpenFilename _
22      (Title:="業務日誌のブックを指定してください。")    'ブックを指定
```

引数 Title を利用すると、タイトルバーに表示する文字列をカスタマイズできます。引数「Title」を省略すると、図 7-1-4 などのように、標準の「ファイルを開く」が表示されます。

指定した別ブックを Workbooks コレクションの Open メソッドで開く処理はコード 28 行目です。開いた別ブックのオブジェクト同メソッドの戻り値として得られるので、それを変数「wbLg」に格納し、以降の処理に用います。

```
28  Set wbLg = Workbooks.Open(Filename:=fl) 'ブックを開く
```

Application オブジェクトの GetOpenFilename メソッドをはじめ、「ファイルを開く」ダイアログボックスで別ブックを指定して開くまでの一連の処理については、Chapter 7 の 1 のプログラム解説（P232～234）を参照してください。

コード 30～49 行目にあるチェック処理は、前節の Sub プロシージャ「業務日誌作成」と同じです。

コード 52 行目以降が業務日誌を作成する処理です。こちらも処理の骨格は前節と同じですが、大きく異なるのはコード 52～53 行目の Copy メソッドの引数 After に指定している内容です。

```
52  ThisWorkbook.Worksheets(WS_TMLP_NAME).Copy _
53      After:=wbLg.Worksheets(wbLg.Worksheets.Count)
```

引数 After には「wbLg.Worksheets(wbLg.Worksheets.Count)」と指定しています。変数「wbLg」は開いた別ブックのオブジェクトでした。「Worksheets.Count」でワークシートの枚数が得られ、その枚数の番目が末尾のワークシートの番目になります。そのため、「wbLg.Worksheets(wbLg.Worksheets.Count)」は、開いた別ブックの末尾のワークシートのオブジェクトになります。ひな形のコピー先をそのワークシートの後に指定することで、別ブックに業務日誌を作成しています。

索 引

アルファベット

COUNTIFS関数 203, 204
ActiveXコントロール 137
Android／iOS版Excelアプリ 016, 114
Androidタブレット 079
Endプロパティ 166
Googleアカウント 034
Googleスプレッドシート 015, 053, 090
Googleドライブ 016, 038
Googleフォーム 013, 032, 038, 171
IFERROR関数 179
INDEX関数 189, 190
InputBox 255
iPad 083
Microsoftアカウント 118, 130
［OK］ボタン 149, 151
OneDrive 016, 114
URL 068
VBA 151, 243, 252, 260 269
VBE 227
VLOOKUP関数 176
Windowsタブレット 085
Windows版Excelのフォーム 017, 132

あ

暗号化 021
イベントプロシージャ 163
印刷 200
印刷を自動化 244
エラーメッセージ 060, 064, 074
音声入力 079

か

回答を編集 076
クラウドストレージ 015
コードウィンドウ 154
コピー 168
コメント 155

さ

参照形式 179
サンプル 022
自動化 030, 254, 244, 264
自動コピー 220, 235
集計 207, 210
書式設定 094, 119
シリアル値 199
数式の表示 201
スピンボタン 141
セキュリティ 020
その他のアイテム 056

た

ダウンロード 086
チェックボックス 048, 058, 147
抽出 176, 190
テキストボックス 044, 050
データの入力方法 013
転記 190

な

並べ替え 239
難易度 019
入力効率 019
入力手段 022
入力制限 104, 124
入力ルール 074
入力ルールの設定 061

は

日付の計算 210
日付の書式記号 263
日付の表示形式 196
ひな形 202
フォームを表示 051
フォームを編集 052
複数のタブレット 175
複数ユーザー 112, 130, 160
プログラムのカスタマイズ 161
ポップアップ 055

ま

マクロ 225, 235, 240, 247, 257, 267
マクロのカスタマイズ 229, 242, 249, 258, 268
メリットとデメリット 019

や

ユーザーフォーム 018

ら

ラジオボタン 047, 144
リスト 041, 099, 120, 138
利用記録 068
利用条件 020
リンクの編集 267

わ

ワークシート 026

著者プロフィール

立山 秀利（たてやま・ひでとし）

フリーライター。1970年生まれ。筑波大学卒業後、株式会社デンソーでカーナビゲーションのソフトウェア開発に携わる。退社後、Webプロデュース業を経て、フリーライターとして独立。現在はシステムやネットワーク、Microsoft Officeを中心に執筆中。著書に『Excel VBAのプログラミングのツボとコツがゼッタイにわかる本』、『Accessのデータベースのツボとコツがゼッタイにわかる本』（いずれも秀和システム）、『入門者のExcel VBA』（講談社）、『エクセルで極める 仕事に役立つウェブデータの自動取り込みと活用』（KADOKAWA/アスキー・メディアワークス）、『現場で役立つExcel&Accessデータ連携・活用ガイド 2013/2010/2007対応』（翔泳社）など。Excel VBAセミナーも開催中。

セミナー情報　http://tatehide.com/seminar.html

装丁・本文デザイン　宮嶋 章文
組版　BUCH⁺

現場で役立つタブレット＆Excelデータ連携・活用ガイド
入力業務を10倍効率化する仕組み

2016年 5月9日 初版第1刷発行

著　者　　立山 秀利
発行人　　佐々木 幹夫
発行所　　株式会社 翔泳社
　　　　　（http://www.shoeisha.co.jp/）
印刷・製本　株式会社 廣済堂

© 2016 Hidetoshi TATEYAMA

＊本書は著作権法上の保護を受けています。本書の一部または全部について（ソフトウェアおよびプログラムを含む）、株式会社 翔泳社から文書による許諾を得ずに、いかなる方法においても無断で複写、複製することは禁じられています。
＊本書へのお問い合わせについては、002ページに記載の内容をお読みください。
＊落丁・乱丁はお取り替えいたします。03-5362-3705までご連絡ください。

ISBN978-4-7981-4347-7 Printed in Japan